Seher Kilicaslan

# Gesundheitsförderliche Ernährungsbildung im Mensch-Natur-Kultur Unterricht

GRIN Verlag

**Bibliografische Information der Deutschen Nationalbibliothek:**

Die Deutsche Bibliothek verzeichnet diese Publikation in der Deutschen Nationalbibliografie; detaillierte bibliografische Daten sind im Internet über http://dnb.d-nb.de/ abrufbar.



**Impressum:**


Druck und Bindung: Books on Demand GmbH, Norderstedt Germany
ISBN: 978-3-640-28811-3

**Dieses Buch bei GRIN:**

http://www.grin.com/de/e-book/124085/gesundheitsfoerderliche-ernaehrungsbildung-im-mensch-natur-kultur-unterricht

# Gesundheitsförderliche Ernährungsbildung im Mensch – Natur – Kultur Unterricht

Wissenschaftliche Hausarbeit zur ersten Staatsprüfung für das Lehramt an Grund- und Hauptschulen nach der GHPO I v. 22.07.2003

Seher Kilicaslan

Erste Staatsprüfung im Anschluss an das Wintersemester 2006/07
Pädagogische Hochschule Ludwigsburg
Studienfach: Haushalt / Textil

**Inhaltsverzeichnis**

# 1. Einleitung

Die Häufigkeit der ernährungsbedingten Krankheiten steigt immer mehr. Nicht nur Erwachsene sind betroffen, sondern zugleich auch viele Kinder. Ernährungsbedingte Krankheiten können zum Beispiel die Anorexia nervosa im Volksmund Magersucht genannt, Karies und Adipositas sein.

Vor allem für Adipositas gibt es besorgniserregende Ergebnisse. Diverse wissenschaftliche Studien, die geführt wurden, belegen, dass viele Kinder übergewichtig sind. Die KiGGS - Studie des Robert Koch Instituts hat festgestellt, das jedes sechste. Kind übergewichtig und jedes 16. Kind adipös ist und das die Zahl immer weiter steigt.[1] „Die Weltgesundheitsorganisation (WHO) bezeichnete schon 1997 die Adipositas als „globale Epidemie“ und beschreibt eine besorgniserregende Entwicklung weltweit“.[2] Die Folgen von Übergewicht belasten die betroffenen Kinder psychisch und physisch, darüber hinaus wird auch das Gesundheitssystem mit hohen Kosten belastet.[3]

Es gibt diverse Ursachen für diese Situation. Zum einen Überfluss von Lebensmitteln: Süßigkeiten, Knabbereien und Fast Food sind überall erhältlich. Zum anderen die wachsende Tendenz der Armut, eine Situation in der der Kauf von Obst und Gemüse zum Luxus wird. Auch die Berufstätigkeit der Eltern, Migrationshintergründe und die Unwissenheit vieler Eltern spielen eine große Rolle. Weiterhin sind das Sitzen vor Computer und Fernseher interessanter als das Spielen auf der Straße, dadurch wird es für die Kinder noch schwieriger, ihr Gewicht zu halten. Schließlich gehört zu der veränderten Kindheit auch die Medienkindheit.

Ernährungsbildung sollte zu Hause in der Familie beginnen. Kinder verbringen aber auch einen großen Teil ihrer Kindheit und Jugend in der Schule, die neben dem Elternhaus einen großen Anteil der Erziehungsarbeit leistet. Um dieser dramatischen Situation, der Gewichtszunahme bei Jugendlichen entgegenzuwirken, ist die gesundheitsfördernde Ernährungsbildung auch an

[1] Vgl.: Robert Koch Institut: Erste Ergebnisse der KiGGS – Studie. Zur Gesundheit von Kindern und Jugendlichen in Deutschland. KiGGS. 2006. S. 27
[2] Bundeszentrale für gesundheitliche Aufklärung: Grundlagen der Rahmenbedingungen. Ohne Datum
[3] Vgl.: Ebd.

Grundschulen notwendig. Je früher damit begonnen wird, desto effektivere und nachhaltigere Ergebnisse können erzielt werden.

Aus diesem Grund beschäftigt sich diese Arbeit mit der Fragestellung: Was kann die Institution Schule, speziell das Fach Mensch – Natur – Kultur tun, um die Kinder aufzuklären und zu unterstützen in Bezug auf eine gesundheitsfördernde Ernährungsbildung?

Das Ziel der gesundheitsförderlichen Ernährungsbildung sollte der Aufbau eines angemessenen Ernährungsverhaltens sowie die Vermeidung von ernährungsbedingten Krankheiten sein. In der Ihnen hier vorliegenden Arbeit möchte ich im Kapitel 2 auf die zwei wichtigen Begriffe „Ernährung“ und „Essen“ eingehen, da mich diese beiden Begriffe während meiner ganzen Arbeit begleiten werden. Nach der Klärung dieser beiden Begriffe soll im Kapitel 3 die aktuelle Ernährungssituation der Kinder in Deutschland geschildert werden. Weiterhin werde ich zwei möglicherweise ernährungsbedingte Krankheiten vorstellen. Ich werde mich auf diese zwei Krankheiten beschränken, weil mir diese während meiner Recherchen als sehr gravierend aufgefallen sind. Unterstützt durch dieses Wissen wird die aktuelle Ernährungssituation der Kinder durch zwei ausgewählte Studien, die schon seit längerem laufen und noch nicht endgültig beendet sind, bewiesen werden. Im Kapitel 4 geht es dann um die Ziele der Ernährung im Kindesalter. Diese Thematik muss zunächst einmal geklärt werden. Bis Punkt 4.1 ist die Rede von einer gesunden Ernährung, schließlich soll dann ab Kapitel 4.2 vorgestellt werden, was eine gesunde Ernährung ist, wie sie auszusehen hat und was sie beinhalten muss. Nach der Vorstellung der gesunden Ernährung werde ich dann darauf eingehen, warum es trotzdem bei der Umsetzung Probleme gibt und warum die ernährungsbedingten Krankheiten immer mehr zunehmen. Nach den wissenschaftlichen Ergebnissen und Studien zur Ernährung werde ich den weiterführenden Teil meiner Arbeit der Ernährungsbildung widmen. Im Kapitel 5 soll konkret auf die Ernährungsbildung durch die Institution Schule eingegangen werden. Ich werde ansprechen, welche Aufgabe der Schule zukommt, und was sie zu einer gesundheitsförderlichen Ernährungsbildung beitragen kann. Unter Punkt 6 werde ich speziell auf die gesundheitsfördernde Ernährungsbildung im Mensch – Natur – Kultur Unterricht eingehen und somit auch Bezug zum Bildungsplan nehmen. Abschließend stelle ich dann im Kapitel 7 ein Umsetzungsbeispiel in der Schule vor: Das tägliche gemeinsame Schulfrühstück.

An dieser Stelle möchte ich mich zunächst ganz herzlich bei Frau Regine Bigga für die Übernahme der Arbeit und für ihre Beratung und Unterstützung bedanken. Weiter bedanke ich mich bei Frau Prof. Dr. Ulla Gohl – Völker für die Übernahme der Zweitkorrektur. Vor allem aber möchte ich mich bei meinen Eltern bedanken, die mich von Anfang an bis jetzt immer unterstützt haben, ohne ihre Unterstützung wäre ich nie soweit gekommen. Endlich möchte ich mich noch ganz herzlich bei meinem Mann Veysel Kilicaslan bedanken, der mir während der gesamten Zeitspanne des Entstehens dieser Arbeit ständig zur Seite gestanden hat und mich beraten hat, wo er nur konnte.

## 2. Begriffsverständnis

Zunächst wird hier eine Begriffsdefinition gegeben.

### 2.1 Essen und Ernährung – Zwei Begriffe, eine Bedeutung?

Bevor ich mich mit dem Thema „Gesundheitsförderliche Ernährungsbildung im Mensch – Natur – Kultur – Unterricht" auseinandersetze, möchte ich die Begriffe Essen und Ernährung klären. Schließlich befasst sich die Arbeit mit der Ernährung. Die Wörter Ernährung und Essen werden die Arbeit begleiten.

Essen und sich ernähren steht für jedes Lebewesen im Mittelpunkt seines Überlebens. Schon im Bauch der Mutter ernährt sich der Fötus durch die Nabelschnur. Der sich entwickelnde Fötus wird ausschließlich aus Nährstoffen gebildet, die aus der Nahrung der Mutter stammen, und daher ist die bestmögliche Ernährung eine zwingende Voraussetzung für das Wachstum des Fötus. Daraus lässt sich schließen, dass Essen neben Trinken für uns bis zum Tod überlebenswichtig ist.

Weiterhin ist Essen ein individuell bestimmter Akt, das bedeutet, was der eine isst, bleibt dem anderen verwehrt. Die Beschaffung, Zubereitung, Verteilung und der Verzehr des Essens war immer durch die Gesellschaft organisiert und geregelt, woraus sich folgern lässt, dass das Essen gleichzeitig ein sozialer Akt war.

Essen und Ernährung. Diese beiden Begriffe werden durch die Gesellschaft häufig synonym verwendet. Sogar von Experten werden die Wörter Essen und Ernährung oft gleichwertig benutzt. Dabei haben die beiden Wörter unterschiedliche Bedeutungen. Ines Heindl schreibt, „dass das Essen sinnlich – emotional besetzt ist. Essen steht für Genuss, Freunde und Lust, bis zur Völlerei. Ernährung dagegen ist auf die Empfehlungen von Experten bezogen und ist eher mit Verzicht und Unlust verbunden". [4]

Auch Barbara Menthfessel macht einen Unterschied zwischen den Begriffen Essen und Ernährung: „Der Begriff Essen wird für den realen Vollzug (bezogen

[4] Heindl, Ines: Studienbuch Ernährungsbildung. Ein europäisches Konzept zur schulischen Gesundheitsförderung. 2003. S. 29

auf Produkt und Prozess) und die damit verbundenen sozialen und psychischen Zusammenhänge genutzt. Mit Essen werden mit dem Essprozess verbundene subjektive Bewertungen (z. B. Geschmack, Gemütlichkeit, Sättigung) verbunden, bei dem Begriff Ernährung dagegen „objektive" naturwissenschaftlich begründete Erfordernisse (z. B. Nährstoffzufuhr, Gesundheit, Vitamine, Gewicht) und damit zusammenhängende Normen, z. B. in Form von Wertungen, wie „richtig" oder „falsch" assoziiert". [5]

Es ist durchaus wichtig, einen Unterschied zwischen diesen Begriffen zu machen und sie dann der jeweiligen Bedeutung entsprechend einzusetzen.

Nach der Klärung dieser beiden Begriffe möchte ich nun gleich mit der aktuellen Ernährungssituation von Kindern in mein Thema einsteigen.

## 3. Aktuelle Situation in Deutschland

Anfangs möchte ich erläutern, wie die aktuelle Situation der Kinderernährung in Deutschland aussieht. Danach werde ich zwei Studien vorstellen und deren Ergebnisse erläutern. Diese zwei Studien beziehen sich auf die Ernährung der Kinder in Deutschland.

### 3.1 Die aktuelle Ernährungssituation von Kindern

Die meisten Eltern sind sich bewusst, wie wichtig gesunde Ernährung für die gesunde Entwicklung ihres Kindes ist. Leider setzen sie ihr Wissen in der Realität nicht um. Man hat das Ernährungsverhalten von Schulkindern beobachtet und hat festgestellt, dass dieses Ernährungsverhalten den aus wissenschaftlicher Sicht empfohlenen Verzehrmustern kaum genügt. Die Erscheinungsformen dieses ungesunden Ernährungsverhaltens bewegen sich zwischen Übergewicht und Untergewicht durch Essstörungen. Viele Lebensmittel, die aus gesundheitlichen Gründen eher selten verzehrt werden sollten, sind bei Kindern besonders beliebt. Bereits im Alter von sieben bis 14 Jahren tritt ein nicht angemessenes Ernährungsverhalten auf, das durch zu viel, zu fett und zu süß gekennzeichnet ist. Daraus lässt sich schließen, dass sich das Ernährungsverhalten der Kinder dem von Erwachsenen angleicht. Die Kinder

[5] Menthfessel, Barbara: Fachwissenschaftliche Konzeption: Soziokulturelle Grundlagen der Ernährungsbildung. 2005. S. 5

nehmen zu viel Fett in Form gesättigter Fettsäuren, zu viel Cholesterin, tierisches Protein, Zucker und zu wenig komplexe Kohlenhydrate und Ballaststoffe auf. Wobei der zu hohe Konsum zuckerhaltiger Lebensmittel eine sehr weit verbreitete Form der Fehlerernährung ist. Mehr als die Hälfte der Kinder geben ihr Taschengeld für den Kauf dieser Produkte aus. Dies belegt auch die „Die Kids Verbraucher Analyse". Je nach Alter verzehren die Kinder gesüßte Getränke, Fein- und Dauerbackwaren und gesüßte Milchprodukte. Das bedeutet, es findet am Tag nicht ein einmaliger Verzehr von Süßigkeiten statt, sondern die Aufnahme erfolgt zu verschiedenen Mahlzeiten, zum Beispiel auch als Zwischenmahlzeit, ein ständiges Knabbern und Naschen zwischendurch. Der Anteil der verzehrten Süßigkeiten ist bei den Kindern deutlich höher als beim Durchschnittsbürger.

Die Taschengeld – Ausgabe bei Mädchen 6 – 9 und 10 – 13 Jahre:

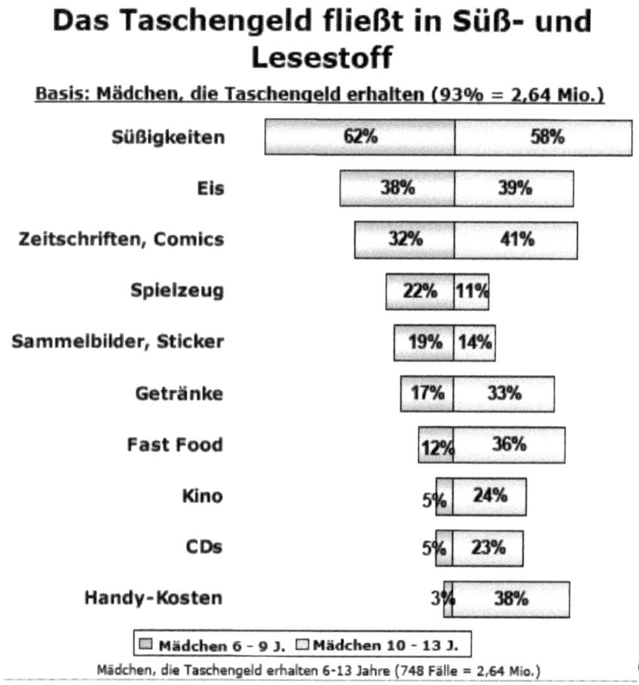

6

Abbildung 1: Taschengeldausgabe bei Mädchen

[6] http://www.ehapamedia.de/pdf_download/KVA06_Praesentation.pdf. S. 51

Die Taschengeld – Ausgabe bei Jungen 6 – 9 und 10 – 13 Jahre:

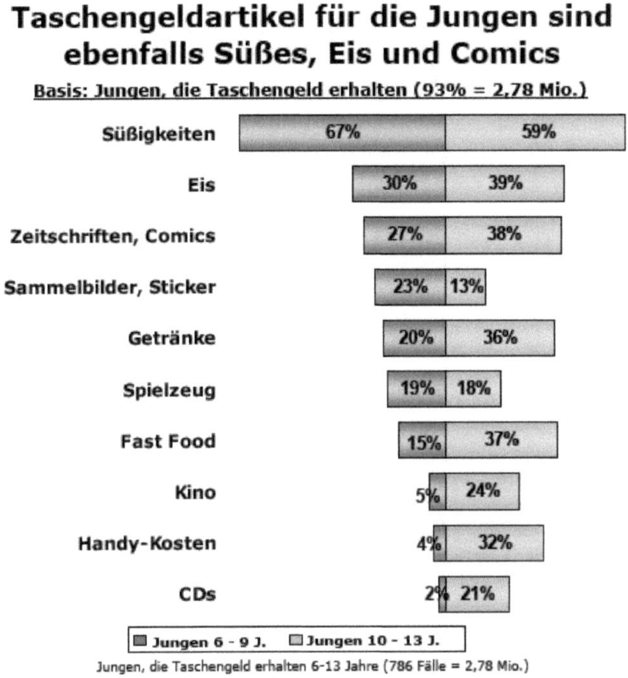

[7]

Abbildung 2: Taschengeldausgabe bei Jungen

Weiterhin ist zu beobachten, dass es Nährstoffe gibt, die wiederum zu wenig konsumiert werden. Die Vertreter der Kohlenhydrate, wie Polysaccharide und Ballaststoffe werden eindeutig zu wenig konsumiert. Die empfohlene Verzehrmenge von Brot und Getreideflocken sowie Beilagen (Kartoffeln, Nudeln, Reis und Getreide) wird kaum erreicht. Dagegen wird Obst von den meisten Kindern gern gegessen. Allerdings erreichen trotzdem nur 50 % von ihnen die angegebene Tagesmenge.

[7] Ebd. S. 52

Gemüse wird eindeutig zu selten bevorzugt. Auch hier wird die empfohlene Menge nicht erreicht. Dagegen ist die Zufuhr eiweißreicher Lebensmittel sehr hoch. Der Verzehr von Milch und Milchprodukten ist weniger geworden und Fischprodukte werden auch selten gegessen. Des Weiteren wurde auch beobachtet, dass die Kinder zu wenig trinken, obwohl das Trinken eine sehr wichtige Rolle für den Körper spielt. Folgen hiervon können Einbußen der Leistungsfähigkeit und des Konzentrationsvermögens sein.

Nicht allein die bedarfsgerechte Versorgung mit bestimmten Nährstoffen ist ein Problem, sondern es kommt zu einem Ernährungsverhalten, das nicht den Richtlinien der vollwertigen Ernährung entspricht bzw. kein angemessenes Ernährungsverhalten darstellt. Mädchen haben bereits im Alter von 10 Jahren Erfahrungen mit Diäten.

Weiterhin wurde festgestellt, dass viele Kinder, meist aus sozial schwachen Familien, keine regelmäßigen Mahlzeiten erhalten. Zur Überbrückung der Zeit zwischen den Mahlzeiten greifen sie dann zu Süßigkeiten und Knabberzeug (z. B. Chips). [8]

## 3.2 Mögliche ernährungsbedingte Erkrankungen

Die Ernährung spielt eine sehr einflussreiche Rolle, um Gesundheit und Wohlbefinden zu gewährleisten. Frühzeitig im Leben erworbene Ernährungsrisiken haben einen nachhaltigen und nachteiligen Einfluss auf die Gesundheit im späteren Leben. In Deutschland wie in anderen Industrienationen treten diverse chronische Erkrankungen auf, welche durch ein nicht angemessenes Ernährungsverhalten entstehen. Die Folgen eines solchen Ernährungsverhaltens können komplex sein. Das bedeutet, die Auswirkungen des Ernährungsverhaltens können die somatische Seite in Form verschiedener Erkrankungen und die psychologische Seite betreffen.

Im Folgenden werde ich nun zwei mögliche Krankheiten, die durch eine Fehlernährung entstehen können, erklären.

[8] Vgl.: Philipps, Ulrike: Evaluation gesundheitsfördernder Maßnahmen bezüglich des Ernährungsverhaltens von Grundschulkindern. 2004. S. 15

### 3.2.1 Karies

Karies ist eine sehr weit verbreitete Wohlstandskrankheit. An den verschiedenen Stellen eines Zahnes lagern sich natürlicherweise Bakterienkolonien an, durch die Zufuhr von Zucker werden diese Bakterien aktiv. Und die Entstehung von Karies beginnt. Des Weiteren hängt die Entstehung nicht von der Menge des Zuckerkonsums ab, sondern auch von der Häufigkeit des Verzehrs, dem Zuckergehalt der Lebensmittel und der Verweildauer in der Mundhöhle. Das bedeutet, je länger die Zähne nicht geputzt werden, desto mehr bietet sich die Gelegenheit für die Entstehung von Karies an. Deswegen ist es grundsätzlich falsch, wenn Kinder zum Pausenfrühstück in der Schule zuckerhaltige Getränke und Speisen verzehren. Schließlich haben die Kinder nach der Pause keine Möglichkeit sich die Zähne zu putzen. So wird die Entstehung von Karies geradezu provoziert.

Über die Entstehung von Karies wurden unterschiedliche Beobachtungen gemacht. Es gibt Unterschiede zwischen den Schularten und Kindern verschiedener Nationalitäten. Bei Haupt- und Realschülerinnen gibt es mehr schadhafte Zähne als zum Beispiel bei den Gymnasiasten. Weiterhin wurde festgestellt, dass bei den türkischen Kindern und solchen aus dem ehemaligen Jugoslawien mehr schadhafte Zähne zu finden sind als bei deutschen Kindern.[9]

### 3.2.2 Adipositas

Die Anzahl der übergewichtigen und unter Adipositas leidenden Menschen ist in Deutschland ein wachsendes gesundheitliches Problem. Die so genannte Adipositas ist ein sehr großes Risiko für die Gesundheit und das psychische Wohlergehen dieser Menschen. Die WHO (Weltgesundheitsorganisation) spricht für Europa bereits von einer Epidemie. Die Zahlen werden immer bedenklicher. Mittlerweise muss man sich ernsthafte Sorgen machen. Hier sind nicht nur Erwachsene betroffen, sondern Kinder und Jugendliche gleichermaßen. Die WHO geht davon aus, dass bis zum Jahr 2010 etwa 20 % der erwachsenen

[9] Vgl.: Ebd. S. 38

Bevölkerung und 10 % der Kinder und Jugendlichen von Adipositas betroffen sind.[10]

Bevor ich die verantwortlichen Faktoren für Adipositas erwähne, möchte ich den Begriff Adipositas definieren.

Wenn von Übergewicht die Rede ist, versteht der Laie sofort, worum es geht und was der Begriff „Übergewicht“ bedeutet. Aber der Begriff „Adipositas“ ist nicht immer gleich geläufig.

Die „Deutsche Adipositas Gesellschaft“ definiert den Begriff „Adipositas“, wie folgt:

„Adipositas ist ein Zustand, der durch eine übermäßige Ansammlung von Fettgewebe im Körper gekennzeichnet ist. Die Adipositas wird heute als eine chronische Gesundheitsstörung verstanden. Sie beruht auf einer polygenetischen Veranlagung, geht mit einer hohen Begleit- und Folgemorbidität einher und erfordert ein langfristiges Behandlungs- und Betreuungskonzept“.[11]

Ulrike Philipps weist daraufhin, dass mittels Langzeituntersuchungen nachgewiesen werden konnte, dass Adipositas im Kindesalter einen unabhängigen Prädikator für Morbidität und Mortalität darstellt, und zwar unabhängig vom Gewichtsstatus im Erwachsenenalter. Weiterhin wurde in dieser Langzeituntersuchung festgestellt, dass wiederholte BMI – Bestimmungen (body mass index) bei Kindern zwischen drei und acht Jahren eine zuverlässige Prognose für eine spätere Adipositas ermöglichen. Des Weiteren ist es so, dass es sich bei Übergewicht oft nicht um ein vorübergehendes Stadium handelt, sondern dass übergewichtige Kinder mit hoher Wahrscheinlichkeit auch übergewichtige Erwachsene werden[12]

---

[10] Vgl.: Robert Koch Institut: Erste Ergebnisse der KiGGS – Studie. Zur Gesundheit von Kindern und Jugendlichen in Deutschland. KiGGS. 2006. S. 27

[11] Deutsche Adipositas Gesellschaft: Was ist Adipositas? Ohne Datum

[12] Vgl.: Philipps, Ulrike: Evaluation gesundheitsfördernder Maßnahmen bezüglich des Ernährungsverhaltens von Grundschulkindern. 2004. S. 38

Folgende Faktoren werden für Adipositas verantwortlich gemacht:

- Erbanlage
- Unangemessene Ernährung: Zu viel (Überfütterung), zu viele gezuckerte Getränke (z. B. Coca – Cola), zu viele kalorienreiche Zwischenmahlzeiten und das Fehlen von geregelten Hauptmahlzeiten, Fast Food Ernährung.
- Mangelnde Bewegung (zu viel Fernsehen oder vor dem Computer sitzen)
- In wenigen Fällen können auch die Hormone verantwortlich sein (Hormonstörung)[13]

Es ist wichtig zu wissen, dass Kinder einen hohen Grundumsatz haben und deshalb auch für ihr Wachstum und ihre Entwicklung mehr Energie benötigen als Erwachsene. Aber die mit der Nahrung zugeführte Energie sollte dem Bedarf der Kinder angepasst sein. Anderenfalls legt der Körper überflüssige Pfunde an.

Und das hat zur Folge, dass adipöse Kinder weniger widerstandsfähig sind und dass sie leichter anfällig sind für Infektionen und bei Operationen und Narkosen. Weiterhin sind sie leistungsgehemmter in der Schule und leiden oft unter Hautkrankheiten. Darüber hinaus sollte man auch die psychischen Probleme erwähnen, die die Betroffenen sehr belasten. Sie entwickeln wegen ihrer Figurprobleme oft Komplexe gegenüber Mitschülern. Oft werden sie von den Gleichaltrigen gehänselt. Sie schwitzen sehr schnell und vermehrt. Schließlich wird auch der Sportunterricht zur Qual. Das hat zur Folge, dass sich diese Kinder und Jugendlichen immer mehr zurückziehen und ihren Frust durch erneutes Essen verdrängen. So verarbeiten sie ihren Kummer.[14] Essen dient diesen Kindern als Kompensation.

Die zunehmende Fettleibigkeit bereits bei Kindern und die Zunahme von weiteren ernährungsbedingten Krankheiten beschäftigen die Mediziner und Ernährungswissenschaftler in Wohlstandsländern. Es werden immer wieder neue Studien, Messungen, Untersuchungen und Beobachtungen durchgeführt (wie z. B. DONALD - Studie, KiGGS – Studie der RKI, KOPS – Studie, HBSC – Studie der WHO) über das Essverhalten von Kindern und Jugendlichen. An dieser Stelle

[13] Vgl.: Zeilberger, Karlheinz: Fettleibigkeit – Ursachen. 2006

[14] Vgl.: Holtmeier, H. – J.: Gesunde Ernährung von Kindern und Jugendlichen. Unter Berücksichtigung des Cholesterinstoffwechsels. 1995. S. 160

möchte ich mich auf zwei Studien beschränken, sie vorstellen, und die bis jetzt genannten Argumente mit Hilfe dieser Studien – Ergebnisse belegen: Die DONALD – Studie der FKE und die KiGGS – Studie der RKI.

Ich habe mich für diese beiden Studien entschieden, weil sie noch nicht endgültig abgeschlossen sind, es immer wieder aktualisierte Ergebnisse über die Ernährungssituation von Kindern gibt.

### 3.3 Studien in Deutschland zur Ernährung

Solche Ernährungsstudien spiegeln im Wesentlichen die seit langem bekannten Ernährungsprobleme von Wohlstandsgesellschaften wider. Schließlich werden mit solchen Studien die Ernährungssituation und das Ernährungsverhalten von Erwachsenen, Kindern und Jugendlichen festgestellt.

#### 3.3.1 DONALD – Studie

Die „DONALD – Studie" wurde 1985 am Forschungsinstitut für Kinderernährung (FKE) Dortmund begonnen. Sie war als Langzeitstudie geplant und wird bis heute weitergeführt. Das bedeutet, die Personen (Kinder und Jugendliche) werden über viele Jahre hinweg begleitet, beobachtet und immer wieder untersucht. Zur Zeit nehmen an der Studie über 700 gesunde Kinder und Jugendliche teil.

Die Forschungsschwerpunkte der Studie liegen in den Bereichen Ernährungsverhalten, Ernährungskonzepte, Ernährungsepidemiologie wie Übergewicht und Wachstumsmuster, Ernährungseinflüsse und metabolisches (Stoffwechsel) Syndrom und weiter Nebennieren/Adrenarche – Knochengesundheit – Biomarker.

Das Institut besteht aus zwei Arbeitsgruppen: Ernährung – Gesundheit und Ernährungsverhalten. Diese zwei Arbeitsgruppen führen die „DONALD Studie" gemeinsam durch.

Finanziert werden die Forschungsarbeiten durch das Ministerium für Innovation, Wissenschaft, Forschung und Technologie des Landes Nordrhein-Westfalen.[15]

[15] Vgl.: Forschungsinstitut für Kinderernährung. Ohne Datum

DONALD steht für die Abkürzung:

- **Do**rtmund
- **N**utritional and
- **A**nthropometric
- **L**ongitudinally
- **D**esigned Studie

Die Ziele dieser Studie: „DONALD"

Das Ziel dieser Studie ist die Sammlungen von Daten zum Ernährungsverhalten und zum Wachstum von Kindern - von der Geburt bis zum Ende ihres Wachstums. Deswegen ist sie auch als Langzeitstudie angelegt. Weiterhin werden komplexe Wechselwirkungen zwischen Ernährungsverhalten, Nahrungsverzehr, Wachstum, Entwicklung, Ernährungsstatus, Stoffwechsel und Gesundheit untersucht. Des Weiteren findet die Entwicklung, Erprobung und Bewertung wissenschaftlich begründeter Ernährungskonzepte für Säuglinge, Kinder und Jugendliche statt. An dieser Stelle sollte erwähnt werden, dass das Ziel dieser Ernährungskonzepte ist, sowohl in der Kindheit als auch im Erwachsenenalter die Gesundheit zu fördern bzw. Krankheiten zu verhindern. Es wird auch darauf geachtet, dass die Konzepte unter Berücksichtigung der kulturellen Tradition Deutschlands erstellt werden, um so ihre Anwendbarkeit zu verbessern. [16]

Im Folgenden möchte ich einzelne interessante Ergebnisse dieser Studie erläutern.

Einzelne Ergebnisse der „DONALD" – Studie

Es wurde festgestellt, dass die Wasserzufuhr bei den Kindern und Jugendlichen sehr niedrig ist. Sie lag in allen Altersgruppen unter den Empfehlungen. Bevorzugt wurden auch eher gesüßte Getränke. Wie schon oben erwähnt, sind Süßigkeiten sehr beliebt und werden viel gegessen. Der Fischverzehr war insgesamt sehr niedrig. Des

[16] Vgl.: Forschungsinstitut für Kinderernährung Dortmund: Ziele. Ohne Datum

Weiteren überschritt der Verzehr von Fleisch und Fleischerzeugnissen die empfohlene Menge deutlich. Die Zufuhr von Milch und Milchprodukten wurden nur in geringen Mengen berücksichtigt. Dadurch war natürlich auch der Kalzium Anteil, den die Kinder zu sich nahmen, sehr niedrig. Die Obstempfehlungen wurden wegen des süßen Geschmacks der Früchte von mehr als 50 % eingehalten. Jedoch wurde ein wesentlicher Teil des verzehrten Obstes als Saft getrunken. Die empfohlenen Gemüsemengen wurden gar nicht erreicht. Der Anteil an Beilagen war auch sehr niedrig. Schließlich wurde festgestellt, dass der Verzehr von Brot und Getreideflocken auch sehr niedrig lag.

Durch diese Ergebnisse wird die Wichtigkeit von Ernährungsbildung durch die Institution Schule und Familie sehr deutlich abgebildet. Es muss den Kindern bewusst gemacht werden, dass eine unangemessene Ernährung ihre Gesundheit jetzt und nachhaltig beeinträchtigen kann.

Nun möchte ich eine weitere Studie vorstellen.

### 3.3.2 KiGGS – Studie

Das RKI wurde 1891 als königlich preußisches Institut für Infektionskrankheiten gegründet. Im Jahr 1952 wurde das Institut ein Teil des neu gegründeten Bundesgesundheitsamtes. Im Jahr 1994 kam es zur Auflösung des Bundesgesundheitsamtes. Nach dieser Auflösung wurde das RKI ein selbständiges Bundesinstitut im Geschäftsbereich des Bundesministeriums für Gesundheit und soziale Sicherung. Die Kernaufgaben des RKI sind Erkennung, Verhütung und Bekämpfung von Krankheiten. Dazu werden Messungen, wissenschaftliche Untersuchungen, Beobachtungen und Studien durchgeführt. Des Weiteren berät es die zuständigen Bundesministerien, insbesondere das Bundesministerium für Gesundheit, und wirkt bei der Entwicklung von Normen und Standards mit. Außerdem informiert und berät das RKI die Fachöffentlichkeit sowie zunehmend auch die breitere Öffentlichkeit. Seine wichtigste Funktion ist es aber, als ein Frühwarnsystem im Hinblick auf das Erkennen gesundheitlicher Gefährdungen und Risiken zu fungieren. [17]

[17] Vgl.: Robert Koch Institut: Aufgaben und Gesetzliche Grundlagen des Robert Koch – Instituts. 2005

Die „KiGGS“ - Studie ist eine Studie zur Gesundheit von Kindern und Jugendlichen in Deutschland. Sie wurde vom Robert Koch – Institut durchgeführt, gefördert von den Bundesministerien, BMG (Bundesministerium für Gesundheit), BMBF (Bundesministerium für Bildung und Forschung) und BMELV (Bundesministerium für Ernährung, Landwirtschaft und Verbraucherschutz). Die Studie dauerte von Mai 2003 bis Mai 2006. Über drei Jahre hinweg untersuchten vier Teams in Begleitung von Ärzten eine repräsentative Stichprobe von rund 18.000 Probanden an 167 Orten. Die Studie wurde durch eine Querschnittsuntersuchung geführt, weil sie Erkenntnisse zeitnah und damit umsetzungsrelevant hervorzubringen versprach.

Die Studie hat einen modularen Aufbau. Ein Kernmodul erhebt Eckwerte der gesundheitlichen Situation von allen Kindern. Schließlich wird dieses Kernmodul durch drei weitere Module ergänzt.

[18]

Abbildung 3: Modularer Aufbau der KiGGS – Studie

Die weiteren drei Module befassen sich mit gesundheitsrelevanten Umweltmodulen, mit psychischer Gesundheit und schließlich mit der motorischen Entwicklung.

Ab Januar 2006 wurde noch ein weiteres Modul hinzugefügt: „EsKiMo" Ernährungsstudie als KiGGS Modul. Für diese Studie wurde ein Jahr lang bundesweit die Ernährung von Kindern und Jugendlichen erfasst. Teilgenommen haben an dieser Studie alle Kinder und Jugendliche, die bereits bei der KiGGS Studie mitgewirkt haben.

Die Ziele dieser Studie: „KiGGS"

Die Daten sollen die Grundlage der Gesundheitsberichterstattung über die nachweisende Generation auf Bundesebene sein. Weiterhin sollen sie sich für gesundheitspolitische Entscheidungen und Prioritätensetzungen eignen. Es sollen valide Ausgangsdaten für die weitere Beobachtung der gesundheitlichen Entwicklung der Kinder- und Jugendlichengeneration geschaffen werden und damit ein „Monitoring" ermöglichen. Des Weiteren sollen sie einen Einblick in die gesundheitliche Versorgung vermitteln und zur besseren Bedarfsplanung beitragen.

[18] http://www.kiggs.de/experten/downloads/dokumente/kiggs_elternbroschuere.pdf. S. 15

Außerdem sollen Gesundheitsrisiken identifiziert werden, für die die Entwicklung von Präventionskonzepten und –programmen möglich und notwendig ist. Letztendlich sollen die Daten Möglichkeiten zur Vermeidung von Krankheiten und Unfallverletzungen aufzeigen und die Evaluation von Maßnahmen im Gesundheitswesen erleichtern sowie als „Public Use File" der Gesundheitsforschung, der Epidemiologie und der ätiologischen Forschung zur Verfügung stehen.[19]

Einzelne Ergebnisse der „KiGGS" – Studie

Die Ergebnisse der Studie sind zu allen Modulen sehr umfangreich und ausführlich, ich werde mich nur auf die Ergebnisse zum Ernährungsverhalten von Kindern beschränken.

Am 6. Mai 2006 endete die dreijährige Datenerhebung der „KiGGS" – Studie. Wie schon erwähnt waren insgesamt ca. 18.000 Kinder und Jugendliche an 167 Orten in ganz Deutschland an der Studie beteiligt. Die Ergebnisse wurden der Fachöffentlichkeit am 25. 09. 2006 vorgestellt. Sie lauteten wie folgt:

In der Studie wurde eindeutig festgestellt, dass 15 % der Kinder und Jugendlichen im Alter von 3 bis 17 Jahren übergewichtig sind und 6,3 % unter Adipositas leiden. Das heißt, jedes 6. bis 7. Kind ist übergewichtig. Und adipös ist jedes 16. Kind. Es wird behauptet, dass der Anteil der übergewichtigen Kinder mit dem Alter weiter steigt. Des Weiteren hat sich ergeben, dass ein höheres Risiko für Übergewicht und Adipositas bei Kindern aus sozial benachteiligten Schichten, bei Kindern mit Migrationshintergrund, bei Kindern, die nicht gestillt wurden und bei Kindern, deren Eltern ebenfalls übergewichtig sind, besteht.[20]

Weiterhin wurde in der Studie auch festgestellt, dass nicht nur das Übergewicht ein wachsendes Problem darstellt, sondern ebenso auch das Untergewicht.

Im Rahmen der Studie wurden ca. 7500 Kinder und Jugendliche im Alter von 11 bis 17 Jahren, mittels eines Fragebogens zu Essstörungen befragt. Die Antworten wurden schriftlich gegeben.

[19] Vgl.: Robert Koch Institut: Ziele der KiGGS – Studie. 2006

[20] Vgl.: Robert Koch Institut: Erste Ergebnisse der KiGGS – Studie. Zur Gesundheit von Kindern und Jugendlichen in Deutschland. KiGGS. 2006. S. 27

„Folgende fünf Fragen wurden gestellt:

1. Übergibst du dich, wenn du dich unangenehm voll fühlst?
2. Machst du dir Sorgen, weil du manchmal nicht mit dem Essen aufhören kannst?
3. Hast du in der letzten Zeit mehr als 6 kg in 3 Monaten abgenommen?
4. Findest du dich zu dick, während andere dich zu dünn finden?
5. Würdest du sagen, dass Essen dein Leben sehr beeinflusst“?[21]

Diejenigen, die mindestens zwei dieser Fragen mit „Ja“ beantwortet haben, wurden als „auffällig“ eingestuft, sie gelten als „Verdachtsfall“, das bedeutet, bei ihnen ist eine Neigung zur Essstörung vorhanden.

Im prozentualen Anteil sehen die Ergebnisse folgendermaßen aus:

22 % der Befragten wurden als auffällig eingestuft und 78 % als unauffällig. Diese Prozentzahlen sagen uns, dass mehr als jedes 5. Kind in Deutschland Symptome einer Essstörung aufweist. Weiterhin ist es so, dass bei den Mädchen Symptome einer Essstörung fast doppelt so häufig vorliegen, wie bei den Jungen. Die Zahl der Mädchen steigt mit dem Alter, im Alter von 11 Jahren sind Mädchen und Jungen gleich betroffen, aber von 11 bis 17 Jahren steigt die Zahl der Mädchen um die Hälfte an, die als auffällig eingestuft werden können. Im Gegensatz zu den Mädchen nimmt der Anteil bei den Jungen bis zum Alter von 17 Jahren etwa ein Drittel ab. [22]

[21] Ebd.: S. 49
[22] Vgl.: Vgl.: Robert Koch Institut: Erste Ergebnisse der KiGGS – Studie. Zur Gesundheit von Kindern und Jugendlichen in Deutschland. 2006. S. 50

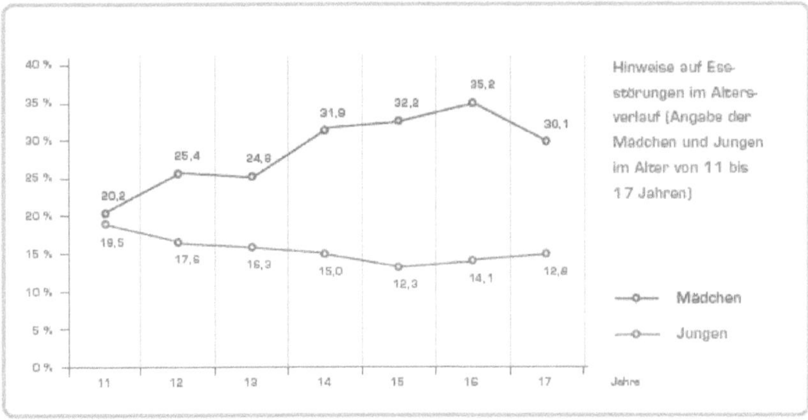


[23]

Abbildung 4: Hinweise auf Essstörungen im Altersverlauf

Des Weiteren ist es so, dass bei Kindern und Jugendlichen mit einem hohen sozialen Status nur 16 % als auffällig gelten. Bei Kindern und Jugendlichen mit einem mittleren sozialen Status gelten dagegen bereits 21 % als auffällig und bei Kindern und Jugendlichen mit einem niedrigen sozialen Status gelten sogar 28 % als auffällig. Daraus folgt, dass die Kinder und Jugendlichen mit einem niedrigeren sozialen Status weit mehr betroffen sind als alle anderen.

Die Ergebnisse wurden auch nach Schularten aufgeschlüsselt. Hauptschüler/ innen sind deutlich häufiger von Essstörungen betroffen als Realschüler/innen und Gymnasiasten/innen.[24]

Die Ergebnisse der „KiGGS“ – Studie zeigen, dass erste Symptome schon im frühen Jugendalter auftreten. Deswegen müssen die Kinder so früh wie möglich über Ernährung aufgeklärt werden.

Das sind nur einige der ersten Ergebnisse der „KiGGS“ – Studie. Eine ausführlichere Darstellung von Ergebnissen wird im Mai 2007 im Bundesgesundheitsblatt publiziert.

[23] http://www.kiggs.de/experten/downloads/dokumente/kiggs_elternbroschuere.pdf. S. 50
[24] Vgl.: Robert Koch Institut: Erste Ergebnisse der KiGGS – Studie. Zur Gesundheit von Kindern und Jugendlichen in Deutschland. 2006. S. 50

Im Oktober 2008 werden die Daten als „Public Use File“ der Fachöffentlichkeit verfügbar gemacht.

Auch in dieser Studie wurde bewiesen, dass man sich über das Ernährungsverhalten von Kindern Gedanken machen sollte.

Bis hierher wurde die Ernährungssituation von Seiten der Kinder her erläutert, durch die Studien wurde bewiesen, dass die Kinder ein ungesundes Ernährungsverhalten aufweisen, und dass dadurch die ernährungsbedingten Krankheiten zunehmen.

Die Frage ist jetzt, wie und wie viel sollte ein Kind essen, um sich gesund zu entwickeln? Welches sind die Ziele einer angemessenen Ernährung? Was sollte eine gesunde Ernährung beinhalten? Wie sieht eine gesunde bzw. angemessene Ernährung aus? Was wird empfohlen?

Diesen Fragestellungen soll im folgenden Kapitel nachgegangen werden.

## 4. Ernährungsempfehlung

Ernährung und Ernährungsverhalten sind für die Gesundheit und Lebensqualität von Kindern sehr bedeutungsvoll.
Bevor ich auf die Empfehlungen für die angemessene Kinderernährung eingehe, möchte ich kurz erklären, wie viele Mahlzeiten ein Kind überhaupt braucht und welche Ziele mit einer Mahlzeit bzw. mit der Ernährung erreicht werden sollen.

<u>Wie viele Mahlzeiten braucht ein Kind?</u>

„Kinder haben einen hohen Energiebedarf. Deshalb brauchen sie regelmäßig Nachschub.

Im Allgemeinen werden 5 Mahlzeiten am Tag empfohlen und zwar:

1. ein Frühstück
2. ein Pausenfrühstück
3. eine warme Mahlzeit
4. eine Zwischenmahlzeit am Nachmittag
5. ein Abendessen

Zu jeder Mahlzeit sollte Wasser, ungesüßter Tee oder stark verdünnter Fruchtsaft gereicht werden, und auch zwischen den Mahlzeiten sollten die Kinder jederzeit die Möglichkeit haben etwas zu trinken."[25]

Nun möchte ich die Ziele der Ernährung im Kindes- und Jugendalter darstellen.

## 4.1 Die Ziele der Ernährung im Kindes- und Jugendalter

„Viele Weichen für die Gesundheit und Lebensqualität im höheren Lebensalter werden bereits in der Kindheit und im Jugendalter gestellt. Auf den ersten Blick banal und nebensächlich erscheinende Einstellungen und Verhaltensweisen können später über den Verlauf schwerer und chronischer Krankheiten wesentlich mitentscheiden", schreibt das Sozialministerium in dem Bericht „Kindergesundheit in Baden – Württemberg". [26]

Auch Manfred J. Müller (Professor für Humanernährung) weist daraufhin, dass die Ernährung grundlegend für die Gesundheit und Wohlbefinden ist. Weiterhin schreibt er, dass gesundes Ernährungsverhalten ein zentraler Bestandteil eines gesunden Lebensstil ist, und dass es wesentlich in den ersten 10 Lebensjahren erlernt und ausgebildet wird.

Des Weiteren gibt er einen Überblick, über die Ziele der Ernährung im Kindes- und Jugendalter. Diese sind u. a.:

Die angemessene Ernährung soll das Wachstum und die Entwicklung sichern, weiterhin hat sie die Aufgabe, Mangelzustände zu vermeiden. Des Weiteren sollte sie eine Prävention vor ernährungsbedingte Erkrankungen (wie Stoffwechselkrankheiten, Bluthochdruck, Herz-Kreislauferkrankungen) sein. [27]

Die Ernährung hat auch die Aufgabe, den Körper vor allem mit Energie für körperliche Tätigkeiten und Stoffwechselleistungen zu versorgen. Außerdem soll sie die notwendigen Bau- und Wirkstoffe liefern.

[25] FIT KID. Wie viele Mahlzeiten braucht ein Kind. Ohne Datum
[26] Sozialministerium Baden – Württemberg: Kindergesundheit in Baden – Württemberg. 2000. S. 9
[27] Vgl.: Müller J., Manfred: Gesunde Ernährung für Kinder und Jugendliche. Ohne Datum

Im Folgenden werde ich die Ernährungsempfehlungen für eine angemessene Ernährung erläutern. Was bedeutet gesunde Ernährung? Was beinhaltet eine gesunde Ernährung? Diese Fragen werden ihre Antwort finden.

## 4.2 DGE

Bevor ich die Ernährungsempfehlung nach DGE darlege, möchte ich kurz über die DGE schreiben: Was hinter der Abkürzung steht, die Funktion und ihre Aufgaben.

Die DGE wurde im Jahr 1953 gegründet. Die Abkürzung steht für **D**eutsche **G**esellschaft für **E**rnährung. Sie befasst sich mit allen auf dem Gebiet der Ernährung auftretenden Fragen und stellt Forschungsbedarf fest. Weiterhin unterstützt sie die ernährungswissenschaftliche Forschung und informiert über neue Erkenntnisse und Entwicklungen. Durch Publikationen und Veranstaltungen machen sie diese verfügbar.

Zu den Aufgaben gehören, Qualitätssicherung in der Gemeinschaftsverpflegung sowie Koordination und Qualitätssicherung von Inhalten der Ernährungsberatung und –aufklärung.

Die Ziele der DGE sind folgende:

Die Ziele werden bundesweit verwirklicht und zwar durch die Herausgabe des Ernährungsberichts, Herausgabe der Referenzwerte für die Nährstoffzufuhr. Weiterhin durch die Herausgabe der DGE–Beratungs–Standards und -Leitlinien, Herausgabe weiterer Informations- und wissenschaftlicher Medien. Des Weiteren durch die Erarbeitung der Curricula und schließlich werden die Ziele, durch die Durchführung von wissenschaftlichen Tagungen sowie Fortbildungs-, Multiplikatoren- und Informationsveranstaltungen verwirklicht.

Darüber hinaus erscheint monatlich die „Ernährungs–Umschau“. Sie bietet, aktuelle Ergebnisse wissenschaftlicher Untersuchungen, für Forscher und Ernährungsfachkräfte.[28]

Nun möchte ich als Nächstes auf die Ernährungsempfehlung der DGE eingehen. Es wird mithilfe der DGE geklärt, wie eine erwünschte Ernährung aussehen sollte.

[28] Deutsche Gesellschaft für Ernährung: Die DGE. Wir über uns. 2004

### 4.2.1 Ernährungsempfehlung nach DGE

Für eine optimierte Nährstoffaufnahme werden von der DGE seit 1956 zehn Regeln herausgegeben. Eine vollwertige Ernährung bildet die Basis. Es spielt aber nicht nur die optimierte Nährstoffaufnahme eine Rolle, sondern die Nahrung soll auch genussvoll und vollwertig konsumiert werden. Das bedeutet, nicht nur die ernährungsphysiologischen Aspekte werden beachtet, sondern auch immer kulinarische, kulturelle und soziale Aspekte.

Eine zentrale Rolle spielte von Anfang an die Abwechslung in der Lebensmittelauswahl und die Empfehlung eines reichlichen Konsums von Vollkornerzeugnissen, Obst und Gemüse. Weiterhin wurde ein ausreichender Verzehr von Milch und Milchprodukten und anderen eiweißhaltigen Lebensmitteln empfohlen. Außerdem die Zurückhaltung beim Fettkonsum, Zurückhaltung bei der Energieaufnahme und dem Alkoholkonsum.

Im August 2000 wurde die neueste Version „Vollwertig Essen und Trinken nach den 10 Regeln der DGE“ veröffentlicht.[29] Die zehn Regeln der DGE geben praktische Tipps für die Umsetzung der optimierten Nährstoffaufnahme.

Hier sind die zehn Regeln:

„1. Regel: Vielseitig essen

Eine abwechslungsreich zusammengestellte Kost gewährleistet am besten die ausreichende Versorgung mit allen lebensnotwendigen Nährstoffen, wie z. B. Eiweiß, Vitaminen und Mineralstoffen. Denn jedes Lebensmittel enthält spezielle lebensnotwendige Nährstoffe.

Täglich sollten Brot, Getreide oder Getreideprodukte und reichlich Kartoffeln, Gemüse, Hülsenfrüchte und Obst in den Speiseplan eingebaut werden. Auch Milch und Milchprodukte dürfen auf dem Esstisch nicht fehlen. In kleinen Mengen sollten auch Fisch, Fleisch, Eier, Fette und Öl verzehrt werden.

[29] Vgl.: Oberritter, Helmut: Geschichte der „10 Regeln der DGE". 2000

## 2. Regel: Getreideprodukte mehrmals am Tag - und reichlich Kartoffeln

Kartoffeln und Getreideprodukte wie Brot, Reis, Nudeln, Haferflocken oder Müsli bilden die Basis einer vollwertigen Ernährung. Sie liefern reichlich Stärke, hochwertiges Eiweiß, wenig Fett, viele Vitamine und Mineralstoffe, sekundäre Pflanzenstoffe und Ballaststoffe.

Vollkornprodukte enthalten einen hohen Anteil an günstigen (hochmolekularen) Kohlenhydraten. Zusätzlich sind diese Lebensmittel ballaststoffreich, sättigen dadurch länger und enthalten im Vergleich zu Weißmehlprodukten mehr lebensnotwendige Nährstoffe.

## 3. Gemüse und Obst - Nimm "5" am Tag

Obst und Gemüse enthalten reichlich Vitamine und Mineralstoffe bei einem niedrigen Energiegehalt. Dadurch tragen sie entscheidend zur Nährstoffversorgung bei, ohne viele Kalorien zu liefern.

Jeden Tag sollten mindestens fünf Portionen Obst und Gemüse verzehrt werden. Dabei wird nicht nur Rohkost empfohlen, sondern auch gegartes Gemüse, da der Körper einige Inhaltsstoffe wie die Vorstufe des Vitamins A, das ß-Carotin, besser aus gekochter Nahrung als aus Rohkost herauslösen kann.

## 4. Täglich Milch und Milchprodukte, einmal in der Woche Fisch, Fleisch, Wurstwaren sowie Eier in Maßen

Milch und Milchprodukte liefern dem Körper wichtiges Calcium zum Knochenaufbau. Sie sollten daher täglich auf dem Speiseplan in Form von Milch, Joghurt oder Käse etc. vertreten sein.

Fleisch und Wurstwaren, in Maßen verzehrt, dienen dem Körper als wertvolle Eisenlieferanten. Auch hier sollten, wie auch bei den Milchprodukten, eher die fettärmeren Sorten bevorzugt werden.

Zur Jodversorgung ist Seefisch der wichtigste Lieferant. Daher kann ein regelmäßiger Verzehr mindestens einmal in der Woche zur Deckung des Jodbedarfs beitragen.

5. Wenig Fett und fettreiche Lebensmittel

Fette sind notwendig als Träger der fettlöslichen Vitamine, als Energiespender, als Bausubstanz für Körperzellen und als Lieferanten von Fettsäuren. Zu viel Fett kann jedoch zu Übergewicht, Herz-Kreislauf-Erkrankungen, Bluthochdruck, Diabetes mellitus und einigen weiteren Erkrankungen führen.

Zur Nahrungszubereitung sollten daher hochwertige Pflanzenöle, wie z. B. Sonnenblumen-, Raps- oder Olivenöl eingesetzt werden. Generell sind fettarme Produkte und Zubereitungsarten zu bevorzugen.

6. Zucker und Salz in Maßen

Häufiger Verzehr von zuckerreichen Lebensmitteln führt zu Karies und in einigen Fällen auch zu Übergewicht. Wenn genascht wird, was durchaus einmal erlaubt ist, sollten die Leckereien genossen werden und nicht aus Langeweile verzehrt werden.

Ohne Salz schmecken Speisen häufig fade und langweilig. Salz sollte nur sparsam verwendet werden. Um die Jodzufuhr zu verbessern, bietet sich die Verwendung von jodiertem Speisesalz an. Häufig können die Speisen sehr gut mit Kräutern abgeschmeckt werden, dadurch kann der Einsatz von Speisesalz einschränkt werden, da die tägliche Kochsalzaufnahme im Durchschnitt bereits zu hoch liegt.

7. Reichlich Flüssigkeit

Der Körper benötigt täglich 2,5 - 3 Liter Flüssigkeit, von der mindestens die Hälfte über Getränke aufgenommen werden sollte. Die Flüssigkeitszufuhr sollte möglichst über kalorienarme bzw. -freie Getränke erfolgen, wie z. B. Mineralwasser, Fruchtsaftschorlen oder Früchte- und Kräutertees.

## 8. Schmackhaft und Nährstoff schonend zubereiten

Einige Nährstoffe sind empfindlich gegenüber Licht, Sauerstoff, Hitze und Wasser. Daher sollten die Lebensmittel möglichst frisch und ohne lange Lagerungszeiten verarbeitet werden. Zum Garen bieten sich möglichst schonende Verfahren bei geringen Temperaturen und unter Verwendung von wenig Fett an, - z. B. Dünsten mit wenig Wasser oder fettarmes Braten in einer beschichteten Pfanne.

## 9. Nehmen Sie sich Zeit, genießen Sie Ihr Essen

Essen nebenbei ist heute im Alltag durchaus üblich. Dabei bleibt jedoch keine Zeit, das Essen zu genießen, denn zum Genießen gehört Zeit. Das Sättigungsgefühl setzt erst nach 15 - 20 Minuten ein. "Schnellesser" spüren daher gar nicht, dass sie schon satt sind, und essen wesentlich mehr als notwendig.

Zum Genießen gehören auch eine ansprechende Umgebung und ein schön gedeckter Tisch. Genießen regt an, vollwertig und gesund zu essen.

## 10. Achten Sie auf Ihr Gewicht - bleiben Sie in Bewegung

Starkes Übergewicht wie auch Untergewicht haben für den Körper negative Folgen. Daher ist ein normales Körpergewicht besonders wichtig. Die vollwertige Ernährung nach den oben beschriebenen Regeln hilft, das Gewicht zu halten oder über einen langen Zeitraum hin zu reduzieren. Täglich 30 Minuten Bewegen tragen ebenfalls dazu bei, das Gewicht zu halten bzw. zu senken. Wenn in der Woche noch zweimal zusätzlich Sport getrieben wird, steigert das den Erfolg".[30]

Der Ernährungskreis

Darüber hinaus hat die DGE einen Ernährungskreis entwickelt. Dieser kann bei der Zusammenstellung einer vollwertigen Ernährung als Hilfe dienen. Dieser Ernährungskreis erleichtert auch den Laien das Verständnis, da es hier nur um die visuelle Wahrnehmung geht.

[31]

Abbildung 5: Der Ernährungskreis

Insgesamt gibt es sieben Lebensmittelgruppen.

[30] Becker, Doris: Vollwertige Ernährung nach den 10 Regeln der Deutschen Gesellschaft für Ernährung. 2005
[31] http://www.dr-walser.ch/index.html?ernaehrung.htm

Der Ernährungskreis zeigt, dass bei einer angemessenen Ernährung auf gar nichts verzichtet werden muss. Die Auswahl der Ernährung sollte aus allen sieben Bereichen kommen. Entscheidend ist die Menge. Die Menge spielt eine sehr große Rolle bei der Zusammenstellung der gesunden Ernährung.

Nun möchte ich den Ernährungskreis beschreiben.

Der Kreis ist in sieben Gruppen unterteilt. Die erste Gruppe vertritt die Getreideprodukte, Nudeln und Kartoffeln. Diese Lebensmittel sind Hauptbestandteil und Grundlage der gesunden Ernährung. Nahrungsmittel dieser Gruppe bestehen nur aus pflanzlichen Produkten. Die Größe dieser Gruppe lässt erkennen, dass die Verzehrmenge dieser Gruppe ruhig hoch sein kann. Die Lebensmittel dieser Gruppe versorgen den Körper mit vielen Ballaststoffen und Kohlenhydraten.

Die zweite, auch sehr große Gruppe ist die Abteilung der Gemüse und Hülsenfrüchte. Diese Gruppe ist ebenfalls rein pflanzlich. Die Gruppe ist die zweite große Gruppe. Das bedeutet, auch in dieser Gruppe kann eine großzügige Ernährung stattfinden. Die Lebensmittel dieser Abteilung versorgen den Körper mit notwendigen Vitaminen, Ballaststoffen und Mineralstoffen. „Nimm 5 am Tag" empfiehlt die dritte Regel, das bedeutet, Gemüse gehört zu jeder Mahlzeit.

Zu der dritten, große Gruppe gehört das Obst. Im Gegensatz zum Gemüse enthält Obst Frucht- und Traubenzucker. Diese Form des Zuckers ist aber nicht schädlich für den Körper, sondern sie ist leicht verdaulich und gelangt schnell ins Blut, es entstehen keine überflüssigen Pfunde. Des Weiteren versorgt Obst den Körper mit Vitaminen. So wie es auch hier die dritte Regel vorschreibt, sollten auch aus dieser Gruppe täglich fünf Portionen gegessen werden.

Es ist zu sehen, dass die Größe der Gruppen Schritt für Schritt abnimmt. Nun komme ich zu der vierten Gruppe: Vertreter der Milch und Milchprodukte. Milch ist besonders für Kinder wichtig, weil sie den Körper reichlich mit Calcium versorgt. Dadurch werden die Knochen und Zähne gefestigt. Und das gesunde Wachstum wird gefördert. Um aber zusätzliche Pfunde zu vermeiden, sollte darauf geachtet werden, dass die Produkte fettarm sind. Zum Beispiel bei der Milch sollte anstatt zu der mit 3,5 % Fett, lieber zu der mit 1,5 % Fett gegriffen werden.

Die nächste Gruppe ist die Gruppe von Fleisch, Wurst, Fisch und Eier. Auch hier ist die Menge entscheidend. Fleisch ist sehr gesund, es versorgt den Körper mit Eiweiß und Eisen, aber zu viel davon ist wiederum schädlich für den Körper. Fleisch enthält Fette und Cholesterin, wenn zu viel davon verzehrt wird, kann das ebenfalls zu Krankheiten führen. Durch den Verzehr der hier aufgeführten Nahrungsmittel kann Jodmangel vermieden werden.

Zu der vorletzten Gruppe, der kleinsten, gehören Fette und Öle. Durch die Schmalheit des Keils dieser Gruppe ist eindeutig zu erkennen, wie wenig hiervon nur verzehrt werden sollte. Sehr wenig. Fette und Öle liefern dem Körper wichtige Vitamine, aber die Menge ist sehr entscheidend. Sobald zu viel verzehrt wird, bildet sich Körperfett. Hier ist es auch wichtig, auf die versteckten Fette in verschiedenen Nahrungsmitteln zu achten. Es ist nicht sofort zu sehen, wie viel Fett eine Riegel Schokolade oder eine Scheibe Salami enthalten, später legt sich dieses Fett in Form von Körperfett an.

| Nahrungsmittel | Fettgehalt in % |
|---|---|
| **Wurst, Fleisch, Fisch, z.B.** | |
| 2 Scheiben (30 g) Salami | 50 |
| 30 g Leber-/Mettwurst | ca. 43 |
| 100 g Bratwurst | 32 |
| 150 g marinierter Hering/geräucherte Makrele | 16 |
| **Milch und Milchprodukte, z.B.** | |
| 150 g Speisequark, 40% Fett i.Tr. | 11,4 |
| Speisequark, 20% Fett i.Tr. | 5,1 |
| Speisequark, mager | 0,3 |
| **Süßigkeiten, Snacks, Nüsse, z.B.** | |
| 1 Schokoladenriegel | 32 |
| 50 g Kartoffelchips | 40 |
| 50 g geröstete Erdnüsse | 50 |

[32]

Abbildung 6: Versteckte Fette in Nahrungsmitteln

[32] Vorpahl, Dr. Bernd – W; Nieding von, Elke; Tschimmel, Elisabeth; Veihelmann, Christiane: Ernährung und Gesundheit. Materialien 5. – 10. Klassen. 1996. S. 17

Zu der letzten Gruppe gehört der Bereich der Getränke. Die Gruppe befindet sich im Zentrum des Ernährungskreises. Trinken ist sehr gesund, ein Mensch sollte zwei bis drei Liter am Tag trinken, damit die Verdauung reibungslos funktionieren kann. Aber auch hier sollte aufgepasst werden, es ist ein Unterschied, ob man zwei bis drei Liter Coca Cola trinkt oder Apfelschorle. Es sollten Getränke ohne Zuckeranteil getrunken werden. [33]

Es gibt verschiedene Abbildungen des Ernährungskreises. Das sollte aber nicht zu Irritationen führen. Es gilt immer die oben beschriebene Verzehrmenge. Das Prinzip ist immer dasselbe.

Zum Beispiel. :

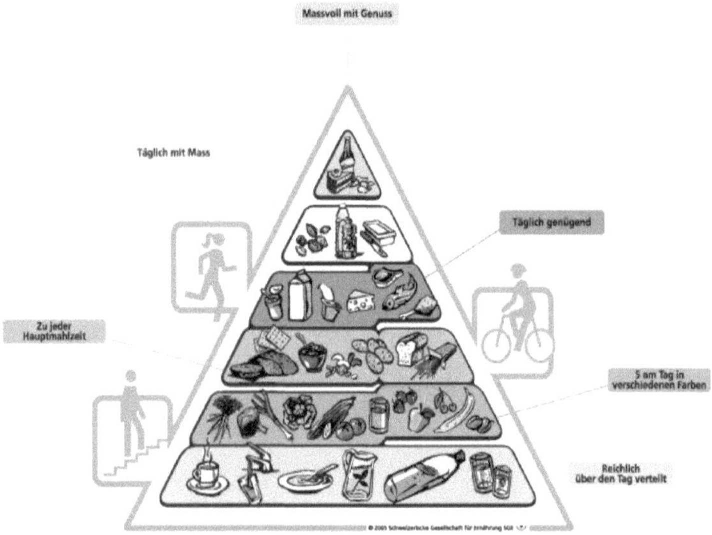


[34]

Abbildung 7: Lebensmittelpyramide

[33] Vgl.: Ebd. S. 13
[34] http://www.sge-ssn.ch/images/full_lebensmittelpyramide.gif

Hier ist eine Lebensmittelpyramide zu sehen. Die Pyramide ist von unten betrachtet sehr breit und arbeitet sich langsam hoch, indem sie immer schmaler wird. Je schmaler der Bereich wird, desto weniger Nahrungsmittel sollten aus ihm konsumiert werden.

Die Ernährungsempfehlung der DGE gilt für die Allgemeinheit. Das heißt, für Erwachsene, Jugendliche und Kinder. Es wurde aber vom Forschungsinstitut für Kinderernährung in Dortmund (FKE) für Kinder auch eine spezielle, gesunde Ernährungsempfehlung entwickelt. Dieses Konzept nennt sich „Optimierte Mischkost" man nennt es auch „optimiX". In Folgenden werde ich auf dieses „optimiX" Konzept eingehen und seinen Aufbau erklären.

### 4.2.2 optimiX – Optimierte Mischkost

Das Konzept der optimierten Mischkost wurde vom Forschungsinstitut für Kinderernährung Anfang der 1990er Jahre entwickelt. Es wird aber immer wieder an die neuesten wissenschaftlichen Erkenntnisse angepasst. Es stützt sich auf die Empfehlungen der DGE. Als Grundlage dient der Ernährungskreis. Das Konzept dient zur Sicherstellung einer gesunden Ernährung von Kindern und Jugendlichen. Es deckt nicht nur den Nährstoff- und Energiebedarf der Kinder, sondern es hat auch eine Präventionsfunktion, indem es ernährungsbedingten Krankheiten vorbeugt. Außerdem steht bei optimiX die Freude am Essen immer im Vordergrund, es ist kein Diätplan, sondern es bietet einen Rahmen. Innerhalb dieses Rahmens können Familien eine gesunde Ernährung in ihrem Alltag umsetzen. Die Empfehlung ist ideal für die gesamte Familie, diese Ernährungsregeln gelten für jedes Alter.[35]

„Es gibt drei einfache Regeln für die Lebensmittelauswahl nach optimiX:

- reichlich pflanzliche Lebensmittel und Getränke
- mäßig tierische Lebensmittel
- sparsam fettreiche Lebensmittel und Süßwaren"[36]

[35] Vgl.: Forschungsinstitut für Kinderernährung Dortmund: Optimierte Mischkost. Ohne Datum.
[36] FIT KID: Das tägliche Brot. Ohne Datum

Es ist wichtig, dass eine kindgerechte Ernährung ausreichend Nährstoffe liefern sollte. Durch optimiX wird der benötigte Bedarf an Nährstoffen ausreichend geliefert und abgedeckt. Zugleich wird der Energiegehalt dem kindlichen Bedarf angepasst und es werden die kindlichen Vorlieben und Abneigungen berücksichtigt. Außerdem lassen sich die Mahlzeiten ohne großen zeitlichen und finanziellen Aufwand herstellen. Schließlich lässt optimiX keine Extras wie Kuchen und Süßigkeiten zu. Diese Anforderungen erfüllt die optimierte Mischkost. Sie beachtet alle Aspekte. [37]
Folgende Empfehlungen werden von optimiX für die Mahlzeit von Kindern aufgestellt:

„Insgesamt sind in optimiX 5 Mahlzeiten am Tag vorgesehen:

- 2 kalte Hauptmahlzeiten (z. B. morgens und abends)
- 1 warme Hauptmahlzeit (z. B. mittags)
- 2 Zwischenmahlzeiten (z. B. vormittags und nachmittags)“[38]

Die warme Mahlzeit:

Die warme Mahlzeit sollte das Mittagessen sein, wenn man diese aber auf den Abend verlegt, dann wird mittags eine kalte Mahlzeit empfohlen.

Für die warme Mahlzeit empfiehlt optimiX als Hauptbestandteil Kartoffeln, Reis oder Nudeln, mit reichlich Gemüse oder einen Rohkostsalat. Weiterhin wird drei Mal in der Woche eine kleine Portion fettarmes Fleisch empfohlen, als Beilage. An anderen Tagen haben vegetarische Gerichte mit Hülsenfrüchten und Gemüse ihren festen Platz auf der Speisekarte. Außerdem sollte einmall in der Woche auch eine Mahlzeit mit Fisch auf dem Speiseplan stehen. Dazu ein kalorienfreies oder –armes Getränk.

Die kalte Mahlzeit:

Eine kalte Mahlzeit gibt es zweimal am Tag. Es ist das Frühstück und das Abendessen.

---

[37] Vgl.: Donig, Gudrun: Ernährung im Kindesalter. 2004
[38] Forschungsinstitut für Kinderernährung Dortmund: Empfehlungen für Mahlzeiten. Ohne Datum

Die kalte Mahlzeit besteht aus Milch oder aus einem Milchprodukt, z. B. Joghurt. Dazu werden Obst, Gemüserohkost oder Getreideflocken empfohlen, mit einem kalorienfreien oder –armen Getränk.

Die Zwischenmahlzeit:

Als Zwischenmahlzeit werden das Pausenbrot, das vormittags in der Schule gegessen wird, und ein Nachmittagssnack bezeichnet. Für die Zwischenmahlzeiten werden von optimiX grundsätzlich Brot, Obst und Gemüserohkost empfohlen. [39]

### 4.3 Probleme bei der Umsetzung

Im Kapitel 4.2 wurde der Bereich der gesunden Ernährung anhand der DGE Empfehlungen vorgestellt. Dieses Thema wurde von optimiX aufgegriffen und speziell für Kinder neu konzipiert. Die daraus resultierenden Empfehlungen geben Aufschluss darüber, dass die praktische Umsetzung nicht an ihrer Unmöglichkeit scheitert. Selbst ein Laie oder ein Analphabet könnte anhand des Ernährungskreises schnell feststellen, wie die gesunde Ernährung zu gestalten ist. Nun taucht die Frage auf, woran es liegt, dass die Anzahl der übergewichtigen Kinder ständig steigt. Durch die ernährungsbedingten Krankheiten (psychisch und physisch) leiden nicht nur die Kinder an den Folgen, sondern auch das Gesundheitssystem. Die Deutsche Adipositas - Gesellschaft schreibt, „dass knapp 5 % aller Gesundheitsausgaben in den Industrieländern für die Behandlung der Adipositas und ihrer Folgen aufgewendet werden“.[40]

Meines Erachtens gibt es verschiedene Gründe. Eine Ursache könnten die finanziellen Bedingungen sein. Ines Heindl schreibt: „In den reichen Ländern mit durchweg hohem Bildungsniveau ist alles bekannt, was der einzelne Mensch über seine Ernährung und Gesundheit wissen müsste“.[41] Die Realität sieht aber nicht so aus. Das Land kann an sich reich sein, aber das heißt nicht, dass die Menschen auch alle reich sind und ein hohes Bildungsniveau haben. Es gibt viele Menschen, die der deutschen Sprache immer noch nicht mächtig sind, obwohl sie schon seit Jahren in Deutschland leben. Bei diesen Menschen mangelt es an ausreichendem

[39] Vgl.: Ebd.
[40] Deutsche Adipositas – Gesellschaft: Was ist Adipositas? Ohne Datum
[41] Heindl, Ines: Studienbuch Ernährungsbildung. Ein europäisches Konzept zur schulischen Gesundheitsförderung. 2003. S. 63

Wissen und an Fähigkeiten. Weiterhin ist auch bekannt, dass aktuell 2,5 Mio. Kinder in Deutschland von Armut betroffen sind, das heißt, jedes sechste Kind in Deutschland lebt in Armut.[42]

Für Menschen, die einen geringen Verdienst haben, ist das Einkaufen von Obst und Gemüse ein Luxus. Wenn z. B. 1 kg Paprika 4,99€ kostet, und eine Packung Fertigpizza mit drei Pizzen nur 1,99€ kostet, dann denken diese Menschen nicht mehr daran, wie sie gesund bleiben können, sondern sie denken daran, wie werde ich bzw. meine Familie - so günstig wie möglich - satt.

Es gibt jedoch bestimmte Läden, zum Beispiel die Schwäbische Tafel in Stuttgart, die auch für diese Menschen eine Möglichkeit bieten, Obst und Gemüse günstig zu kaufen und so, trotz des Geldmangels, ihre Kinder gesund ernähren zu können. Viele Menschen wissen nicht, dass es solche Läden gibt. Ich kann mir aber auch vorstellen, dass es Menschen gibt, die sich schämen dort hinein zu gehen, um einzukaufen.

Ein weiterer Grund könnte auch in der Berufstätigkeit der Eltern liegen. Oder wenn die Eltern Alleinerziehende Mütter oder Väter sind. Wenn das Kind nach der Schule den ganzen Nachmittag allein auf sich selbst gestellt ist, gestaltet es seine Mahlzeiten selbst. Wie gesund kann ein Kind seine Mahlzeit gestalten, wenn es nicht aufgeklärt ist? Dazu kommt, dass das Kind nach der Mahlzeit mehr Zeit vor dem Fernseher oder Computer verbringt, somit weniger sportlich aktiv ist. Beiläufig wird auch noch die Zahnpflege vernachlässigt.

Es ist aber auch möglich, dass es für Eltern, bzw. für Mütter ein gutes Zeichen ist, wenn ihr Kind übermäßig viel isst. Sie behaupten, ihr Kind wäre sehr gesund. Solche Mütter denken, ein Kind wird mit einem Stück Paprika, Gurke oder Banane nicht richtig satt. Das Kind muss richtig viel essen wie ein Erwachsener, damit es sich auch gesund und schnell entwickeln kann und nicht krank wird. Als Türkin kann ich diese Denkweise und dieses Verhalten für viele türkische Eltern bzw. Mütter bestätigen. In solchen Familien gibt es schon zum Frühstück frittierte Pommes Frites oder Teigwaren.

---

[42] Vgl.: Deutsches Kinderhilfswerk: Kinder und Jugendliche in Deutschland 2006 Zahlen, Daten, Fakten. 2006. S. 4

„Das Essverhalten aller Menschen entwickelt und verändert sich im persönlichen und sozialen Kontext unterschiedlicher Lebensgeschichten und Lebensstile. Diese verstehen zu lernen, um jeweils sinnvolle Unterstützung und Anregung anzubieten, sollte Aufgabe einer Ernährungsbildung sein, die in verschiedenste Lebensbereiche des Alltags hineinwirken kann".[43]

Folglich sollen die nächsten Kapitel der Ernährungsbildung gewidmet werden. Ich werde darauf eingehen, welchen Beitrag für die Ernährungsbildung die Schule und speziell das Fach Mensch – Natur – Kultur Unterricht leisten kann.

## 5. Ernährungsbildung

Ernährungsbildung sollte zu Hause beginnen. Sie ist ohne Zweifel vornehmlich Aufgabe der Eltern. Schließlich ist der erste und wichtigste Ort die Familie, in der das Ernährungsverhalten des Kindes geprägt wird. Die Familie ist es, die bestimmt, was, wie und wann gegessen wird.

Es könnte aber sein, dass die Ernährungsbildung in der Familie nicht immer funktioniert, weil die Eltern über keine ausreichenden Kenntnisse und Fähigkeiten verfügen, dann ist es wichtig, dass die Schule beispielgebend in diese Richtung arbeitet. Die Kinder befinden sich den ganzen Vormittag in der Grundschule. Es gibt auch verlässliche Grundschulen, dass bedeutet, die Kinder sind den ganzen Tag in der Schule, so dass das Mittagessen in der Schule eingenommen wird. So kann die Schule zur gesundheitsförderlichen Ernährungsbildung einen wertvollen Beitrag leisten.

Darüber hinaus leistet die Ernährungsbildung einen Beitrag zur Allgemeinbildung. Essen ist ein Teil des Lebens. Die Kinder werden ständig mit Lebensmitteln, Lebensmittelgeschäften, Restaurants und Lebensmittelwerbungen, etc. konfrontiert. Um die Gesundheit zu gewährleisten, ist ein richtiger und verantwortlicher Umgang mit Nahrung, Essen und Ernährung sehr entscheidend.

So entstand im Jahre 2000 „Das Europäisches Kerncurriculum zur Ernährungs- und Verbraucherbildung". Hier werde ich nun das Europäische Kerncurriculum vorstellen.

[43] Heindl, Ines: Studienbuch Ernährungsbildung. Ein europäisches Konzept zur schulischen Gesundheitsförderung. 2003. S. 63

## 5.1 Europäisches Kerncurriculum

Das Europäische Kerncurriculum zur Ernährungs- und Verbraucherbildung entstand durch verschiedene Experten der Ernährungs- und Gesundheitsbildung aller EU – Länder. Sie haben gemeinsame Inhalte zur Ernährungsbildung erarbeitet. Zum Schluss wurden diese Inhalte in dem Leitfaden „Healthy eating for young people in Europe“ zusammen geführt und getestet, dieses Konzept entspricht einer anwendungsbezogenen, gesundheitswissenschaftlichen Grundbildung im Sinne von Health Literacy. Alle Länder der EU sind dazu aufgefordert, das Europäische Kerncurriculum im Bildungs- und Schulsystem umzusetzen.

Die Inhalte und Lernziele lassen sich leicht in den Bildungs- und Lehrplan integrieren. Das Kerncurriculum berücksichtigt die Altersstufen von 4 – 18 Jahren. Das bedeutet, damit können Kinder und Jugendliche vom Vorschulbereich bis zur Sekundarstufe II erreicht werden.

„Das Kerncurriculum umfasst sieben Themenfelder:

**1.** Essen und emotionale Entwicklung – Körper, Identität und Selbstkonzept

**2.** Essgewohnheiten, kulturelle und soziale Einflüsse – Ernährungsweisen, Essstile, Essen in sozialer Gemeinschaft

**3.** Ernährung und persönliche Gesundheit – Ernährungsempfehlungen und Richtlinien, alte und neue Konzepte

**4.** Prozesse der Erzeugung, Verarbeitung und Verteilung von Nahrung – Lebensmittelqualität und globaler Handel

**5.** Lebensmittel, Märkte, Verbraucher und Konsum – Marketing, Werbung und Einkauf

**6.** Konservierung und Lagerung von Nahrung – Lebensmittelverderb, Hygiene, europäische Bestimmungen

**7.** Kultur und Technik der Nahrungsmittelzubereitung – ästhetisch-kulinarischer Umgang mit Nahrungsmitteln, (inter-) kulturelle, historische, soziale, religiöse

Bezüge"[44]

Damit es sinnvoll umsetzbar ist, wurde das Kerncurriculum in vier Altersgruppen eingeteilt: Und zwar 4 – 7 Jahre, 8 – 10 Jahre, 11 – 13 Jahre, 14 – 18 Jahre. Zu den vier Altersgruppen sind entsprechende Schüsselfragen sowie inhaltliche Schwerpunkte für die Bearbeitung der Themen festgelegt worden.

Da mein Thema „Gesundheitsförderliche Ernährungsbildung im Mensch – Natur – Kultur Unterricht" heißt, werde ich mich nur auf das 3. Themenfeld beziehen und auf das Alter von 8 – 10.[45]

Die ausführliche Darstellung des Kerncurriculums, mit sieben Themenfeldern Schlüsselfragen, Lerninhalten und Lernzielen, ist bei Heindl, Ines: Studienbuch Ernährungsbildung. Ein europäisches Konzept zur schulischen Gesundheitsförderung. Bad Heilbrunn: Klinkhardt. 2003 zu lesen.

Das 3. Themenfeld lautet:

Ernährung und persönliche Gesundheit – Ernährungsempfehlungen und Richtlinien, alte und neue Konzepte.

Zu diesem Themenfeld gehört das Verhältnis von Ernährung und Gesundheit; das Verhältnis von Wachstum und Ernährung und schließlich das Verhältnis von Essen und Bewegung.

Unter diesen drei Gesichtspunkten sollten folgende Themenbereiche behandelt werden: Die Nährstoffe und ihre Funktionen, der Nährwert verschiedener Gruppen von Grundnahrungsmitteln. Des Weiteren der Nährwert von „zusätzlichen" Nahrungsmitteln, wie z. B. Zwischenmahlzeiten und Süßigkeiten, weiter das Trinken und Getränke, die Richtlinien für gesunde Ernährung und die Gesundheitsressourcen und die Gesundheitsrisiken wie z. B. Karies, Übergewicht, etc.

Für das Alter von 8 – 10 werden drei Schlüsselfragen gestellt:

---

[44] Das Europäische Kerncurriculum zur Ernährungs- und Verbraucherbildung. Ohne Datum

[45] Vgl.: Ebd.

1. Wie sind meine Essgewohnheiten?
2. Gebrauche ich die Vielfalt der Lebensmittel?
3. Bin ich mit der Wahl meiner Nahrungsmittel zufrieden?

Bevor die Kinder auf die Grundschule kommen, sollten folgende Themen schon im Kindergarten behandelt werden: Essen und Gesundheit, Nahrungsmittel, Verdauung und schließlich Gesundheitsrisiken und ihre Verhütung.

Wenn die Kinder dann auf die Grundschule kommen, knüpft die Grundschule mit den folgenden Themen an: Essen, individuelle Bedürfnisse und Gesundheit, das bedeutet, die Kinder sollen erkennen, dass jede Person sein oder ihr bestimmtes Nahrungsbedürfnis hat, und sie sollen Essen und Trinken mit den individuellen Bedürfnissen in Zusammenhang bringen. Des Weiteren sollen sie lernen, dass Nahrungsmittel Nährstoffe enthalten und Energie zur Verfügung stellen, die für Wachstum und Bewegung benötigt werden. Weiterhin sollen sie den Bereich von Nahrungsmitteln lernen, sie sollen verstehen, warum bestimmte Nahrungsmittel für die Gesundheit wichtig sind. Außerdem sollen sie zusätzliche Nahrungsmittel, wie Zwischenmahlzeiten und Süßigkeiten und deren Funktion bestimmen können. Neben den Nahrungsmitteln sollen sie auch die verschiedenen Arten von Getränken bestimmen können. Weiterhin sollte die Verdauung behandelt werden in dem Zusammenhang, dass Magen und Darm Teil des Verdauungssystems sind. Darüber hinaus sollten die Empfehlungen für die gesunde Ernährung gelehrt werden. Die Kinder sollen erkennen, dass eine Abwechslung bei den Nahrungsmitteln wichtig für die Gesundheit ist, und sie sollten die Notwendigkeit von Energieaufnahme in Verbindung mit körperlicher Betätigung erfahren. Endlich sollten ihnen noch die Gesundheitsrisiken und deren Verhütung erläutert werden, und zwar die Folgen von zu vielem oder zu wenigem Essen für die Gesundheit.[46]

Diese beschriebene Lerninhalte und Ziele gelten für den Bereich der Grundschule, nach der Grundschule sollten dann weitere Themen (Lerninhalte und Ziele) an den weiterführenden Schulen vermittelt werden.

Im Kapitel 5.1 wurden die Lerninhalte und Ziele vorgestellt, die in den jeweiligen Fächern gelehrt werden sollten, Ernährungsbildung reicht aber allein durch die

[46]Vgl.: Heindl, Ines: Studienbuch Ernährungsbildung. Ein europäisches Konzept zur schulischen Gesundheitsförderung. 2003. S. 224

Schul-Fächer nicht aus. Nicht nur die jeweiligen Fächer, sondern die gesamte Institution Schule sollte die gesundheitsförderliche Ernährungsbildung unterstützen, damit eine erfolgreiche Ernährungsbildung erreicht werden kann. Im Folgenden möchte ich erläutern, wie die Schule als Institution ihren Beitrag zur Ernährungsbildung leisten kann.

## 5.2 Ernährungsbildung durch die Institution Schule

Eine Ernährungsbildung durch die Institution Schule ist sehr wichtig. Wie schon erwähnt, befinden sich die Kinder den ganzen Vormittag in der Schule. Wenn es eine Ganztagesschule ist, bedeutet das, die Kinder halten sich den ganzen Tag in der Schule auf, so dass das Mittagessen in der Schule eingenommen wird. In diesem Fall dienen Einrichtungen wie Kindergärten, Tagesstätten und Schulen als Begleiter. Somit kann die Schule als zentrales Setting wertvolle und langfristige Beiträge zur Ernährungsbildung leisten.

Der Setting – Ansatz entstand durch die WHO in dem Dokument Ottawa-Charta im Jahre 1986.

In dem Buch: „Studienbuch Ernährungsbildung. Ein europäisches Konzept zur schulischen Gesundheitsförderung“, von Ines Heindl wird der Begriff „Setting“ nach WHO 1998 und Homfeldt 1999 wie folgt definiert: „Setting ist ein Ort oder sozialer Kontext, wo die Menschen sich in alltäglichen Aktivitäten wieder finden, wo Mitwelt und Umwelt, persönliche und organisatorische Interessen interagieren und Gesundheit und Wohlbefinden beeinflussen.

Setting ist gleichsam der Ort, von dem „handlungsbestimmende Kräfte“ ausgehen. Dort stellt sich Gesundheit nicht über die Schaffung verbindlicher Lebensregeln durch Expert(inn)en, über Aufklärung und Angstappelle ein, sondern sie entfaltet sich im Lebensalltag, bei der Arbeit, in der Freizeit, im Stadtteil, in der Schule. Dafür sind Bedingungen herzustellen, die der Schaffung und Förderung gesunder Sozial- und Lebensräume gerecht werden“.[47]

Durch das Engagement des Einzelnen kann kein effektiver Erfolg erzielt werden. Die Schule als eine gesamte Einrichtung sollte bei der Unterstützung der

[47] Ebd. S. 65

gesundheitsförderlichen Ernährungsbildung mithelfen. Dazu gehören lehrende und nicht-lehrende Personen. Alle Mitglieder einer Schulgemeinschaft sollten dazu befähigt werden, verantwortungsbewusst mit ihrer eigenen Gesundheit und der ihrer Mitmenschen umzugehen, sowohl die Schüler/innen, die Lehrer/innen, die Eltern, das nicht unterrichtende Personal sowie das kommunale Umfeld der Schulen. Weiterhin werden der Unterricht, das Schul- und Arbeitsklima, das soziale Miteinander, Schulräume, das Schulgelände sowie das direkte Umfeld auch mit einbezogen. Nur dann können nachhaltige Effekte erzielt werden, wenn die Schule als Lern- und Lebensraum gesundheitsförderlich gestaltet ist.

Die Lehrerin bzw. der Lehrer kann das Thema gesunde Ernährung im Unterricht behandeln. Es hat aber keinen Sinn und ist auch wenig hilfreich, dieses Thema zu behandeln, wenn der Schulkiosk Getränke, die einen hohen Anteil an Zucker bzw. Süßstoff aufweisen, verkauft. Oder wenn er Süßigkeiten aller Art oder Backwaren mit einem hohen Zuckergehalt oder Produkte mit einem hohen Fettanteil verkauft, z. B. Chips. Anstatt unerwünschte Produkte zu verkaufen, kann der Schulkiosk Brote aus Vollkorn verkaufen. Weiterhin kann er Obst oder frisches Gemüse (Radieschen, Cherry Tomaten, usw.) nach Saison verkaufen. Anstatt Süßigkeiten kann er auch Müsli, Joghurt oder Trockenfrüchte anbieten dazu Getränke wie Mineralwasser, Obstsäfte ohne Zuckeranteil, Milch, Früchte- oder Kräutertees.

Ein weiterer wichtiger Punkt ist die Einbeziehung und Mitwirkung der Eltern, damit die Ernährungsbildung erfolgreich sein kann. Als wichtige Bezugspersonen der Kinder spielen die Eltern eine entscheidende Rolle. Schließlich besitzen die Eltern eine Vorbildfunktion für die Kinder. Außerdem werden die meisten Mahlzeiten nicht in der Schule, sondern zu Hause eingenommen. Die benötigten Lebensmittel für die Mahlzeiten werden, mit wenigen Ausnahmen, von den Eltern gekauft. Damit es zu Hause keine Konflikte mit Gewohnheiten gibt, ist es notwendig die Eltern über die schulischen Aktivitäten in der Ernährungsbildung zu informieren.

Des Weiteren ist darauf zu achten, dass Lehrer/innen die Eltern in einer motivierenden Weise mit einbeziehen. Die Eltern dürfen nicht das Gefühl bekommen, dass sie diszipliniert oder bevormundet werden.

Die Eltern sind durch diverse Maßnahmen zu erreichen, z. B. durch Vorträge, Gesprächsrunden, Elternbriefe, Ausstellungen, Elternsprechtage und Elternabende.

Oder indem Kinder und Eltern gemeinsam zu Veranstaltungen eingeladen werden. Dabei sollte es nicht nur um Informationsvermittlung gehen, sondern um eine langfristige Erziehungsarbeit. [48]

„Folgende drei Ebenen des Settings verbindet Ines Heindl, im Sinn des Konzepts Gesundheitsfördernder Schulen:

- **Unterricht, Lehr- und Lerninhalte, Ziele** – Fachbezogene und fächerübergreifende Behandlung von Themenfeldern des Essens und Trinkens, der Ernährung und Gesundheit.
- **Schule, Schulleben und Schulethos** – Betrachtung aller Essensangebote und Aktivitäten außerhalb des Unterrichts im Sinne der Gesundheitsförderung, Beteiligung der Schüler(innen), Lehrkräfte und des nicht-lehrenden Personals.
- **Familie und schulisches Umfeld** – Wertschätzung der Zusammenarbeit mit den Familien der Schüler(innen) sowie außerschulischen Institutionen, um Kooperationen, Partnerschaften und externe Unterstützungssysteme aufzubauen“.[49]

Im Kapitel 5.2 wurde die Vermittlung des Themas gesundheitsförderliche Ernährungsbildung durch die gesamte Institution Schule vorgestellt. Es gibt aber auch einen speziellen Fächerverbund in der Grundschule, um dieses Thema zu behandeln. Im Folgenden soll der Fächerverbund Mensch, Natur und Kultur vorgestellt werden.

## 6. Fächerverbund Mensch – Natur – Kultur

Durch den Fächerverbund Mensch, Natur und Kultur werden alle Bereiche der Grundschule vernetzt. Sowohl die eigenen Fächer des Fächerverbundes, als auch die Einzelfächer: Wie z. B. Sprachen, Mathematik, Religion und der Fächerverbund Bewegung, Spiel und Sport. Zugleich wird die integrative Grundschularbeit des

[48] Vgl.: Philipps, Ulrike: Evaluation gesundheitsfördernder Maßnahmen bezüglich des Ernährungsverhaltens von Grundschulkindern. 2004. S. 57
[49] Heindl, Ines: Studienbuch Ernährungsbildung. Ein europäisches Konzept zur schulischen Gesundheitsförderung. 2003. S. 67

Fächerverbunds Mensch, Natur und Kultur durch den Fächerverbund Bewegung, Spiel und Sport verstärkt.[50]

## 6.1 Bezug zum Bildungsplan

Das Thema gesundheitsförderliche Ernährungsbildung kann in der Grundschule in den Fächerverbund Mensch, Natur und Kultur des Bildungsplanes 2004 von Baden – Württemberg eingeordnet werden. Für diesen Fächerverbund wird in der Schule auch häufig die Abkürzung MeNuK verwendet.

Nachfolgend sollen die Leitgedanken zum Kompetenzerwerb und die Kompetenzen dieses Fächerverbunds näher erläutert werden.

### 6.1.1 Leitgedanken zum Kompetenzerwerb für den Fächerverbund Mensch, Natur und Kultur

Zunächst soll ein allgemeiner Einblick in die Leitgedanken zum Kompetenzerwerb gegeben werden.

„Der Unterricht im Fächerverbund Mensch, Natur und Kultur setzt bei der Wahrnehmung der Schülerinnen und Schüler an und verknüpft deren unterschiedliche Vorerfahrungen und Denkstrukturen".[51] Durch musikalische und künstlerische Ansätze werden die Erfahrungen und Ansätze der Welterkundung der Schülerinnen und Schüler erweitert. Durch diese Erweiterung bekommen die Schülerinnen und Schüler bei der Erschließung ihres natürlichen und kulturellen Umfelds Unterstützung. Schließlich führt diese Auseinandersetzung mit Natur und Kultur zu einer grundlegenden Bildung, bei der sie zu gedanklichen sowie verschiedenen Darstellungsweisen und zu eigenen kreativen Formen angeregt werden. Dabei bringen die Schülerinnen und Schüler „... ihr Fühlen, Denken, Wollen und Handeln in die Auseinandersetzung mit der Lebenswirklichkeit" ein.[52] Die Verbindung des schulischen Lernens mit dem eigenen Handeln führt dazu, dass das Lernen für den Einzelnen bedeutsam und damit nachhaltig wird. Damit die Anschlussfähigkeit an die Lebenswelterfahrungen, Interessen und auch an die Lernangebote von Sachfächern in den weiterführenden Schulen gesichert ist, werden

[50] Vgl.: Bildungsplan Grundschule. 2004. S. 99
[51] Ebd.: S. 96
[52] Ebd.: S. 96

die Inhalte des Unterrichts aus unterschiedlichen Perspektiven gewählt. Durch ästhetische Zugangsweisen wird die sozial- und kulturwissenschaftliche, raumbezogene, naturbezogene, technische und historische Perspektive erweitert. Mit künstlerischen und musikalischen Lernformen wird dieses Spektrum aufgefächert, damit wird gewährgeleistet, dass im Fächerverbund Mensch, Natur und Kultur ästhetische Begegnungen, Darstellung und Gestaltung, Welterkundung und –erfahrung sowie Gespräche zur Klärung kindlicher Meinungen und Deutungen gleichermaßen berücksichtigt werden. Bei der Persönlichkeitsentwicklung spielen diese Erfahrungen und Erkenntnisse eine bedeutende Rolle. Des Weiteren wird durch diesen Fächerverbund die Handlungskompetenz der Schülerinnen und Schüler erweitert. Weiter wird eine Auseinandersetzung mit der Heimat ermöglicht, dabei sollen Kompetenzen erworben werden, die sie befähigen, sich an ihrer eigenen Beheimatung aktiv zu beteiligen und ihre Identität zu stärken. Den Schülerinnen und Schülern wird die Chance gegeben, sich als Erfinder, Künstler, Musiker, Dichter, Schriftsteller, Entdecker, Forscher und Philosoph einzubringen. Ausgangspunkte des Unterrichts sollen die Neugierde der Schülerinnen und Schüler auf Naturphänomene und technische Zusammenhänge und die Freude am künstlerischen Gestalten sein. Der aktive Umgang mit Musik soll gefördert werden, dadurch stärkt sich die Persönlichkeit der Schülerinnen und Schüler. Darüber hinaus sollen sie ihre musikalischen und gestalterischen Fähigkeiten und Fertigkeiten erweitern.

Die Auseinandersetzung mit der künstlerischen und gestalterischen Arbeit fördert die Entwicklung einer differenzierten Wahrnehmungsfähigkeit der Schülerinnen und Schüler. Die Basis für kreative Lernprozesse bildet die sinnliche Wahrnehmung. Durch den Gebrauch der Sinne und den Umgang mit verschiedenen Materialien und vielfältige praktische Übungen wird die Grundlage geschaffen, sich mit bildnerischen und gestalterischen Mitteln auszudrücken. Außerdem soll die Fantasie der Schülerinnen und Schüler durch die Begegnung und aktive Auseinandersetzung mit Natur, Kunst und Mensch gefördert werden. Ästhetische Prozesse sollen als ein Teil ihrer Persönlichkeit entwickelt werden. Eine Fülle von Möglichkeiten zur Sensibilisierung der sinnlichen Wahrnehmung bieten diverse textile Materialien. Damit werden die Auseinandersetzung mit der Alltagskultur und die gestalterische Umsetzung grundlegender handwerklicher Techniken gewährleistet. Das sprachliche Ausdrucksvermögen wird durch Bild, Musik und darstellendes Spiel unterstützt. Das darstellende Spiel dient zur Erprobung für Perspektivübernahme und für das

Ausloten der eigenen Identität. Des Weiteren soll das Philosophieren der Schülerinnen und Schüler im Fächerverbund sichergestellt werden. Das Philosophieren fördert nämlich das gegenseitige Zuhören sowie die Dialog- und Urteilsfähigkeit. Endlich übernimmt der Fächerverbund Mensch, Natur und Kultur die Leitfunktion für die Bereiche „In Gemeinschaft leben" und „Demokratie lernen".[53]

Das waren die Leitgedanken zum Kompetenzerwerb im Bildungsplan. Nun soll ein Einblick in die Kompetenzen gegeben werden.

### 6.1.2 Kompetenzen

Kompetenz zu haben, bedeutet für die Schülerinnen und Schüler am Ende von Klasse 2 und am Ende von Klasse 4 verlässliche Fähigkeiten, Fertigkeiten und Wissen erreicht haben. Diese erreichten Kompetenzen sollen ihnen ein erfolgreiches Lernen in den darauf folgenden Schuljahren und den Anschluss an das Lernen in weiterführenden Schulen ermöglichen. Ein direkter Bezug zu Kinderfragen und aktuellen Lebenssituationen ist das Ziel der grundlegenden Bildung. Insgesamt gibt es neun Kompetenzfelder. Diese neun Kompetenzfelder werden zu den drei Bereichen „Menschliches Leben", „Kulturphänomene und Umwelt" sowie „Naturphänomene und Technik". Die Inhalte der einzelnen Kompetenzfelder sind so miteinander vernetzt, dass übergreifende Zusammenhänge erfassbar werden. Die Kompetenzfelder bauen aufeinander so auf, dass das jeweils erste Kompetenzfeld vom „Ich" ausgeht. Im Mittelpunkt steht das Schulkind. Innerhalb des zweiten Kompetenzfelds steht das Kind als Mitglied der Gemeinschaft im Mittelpunkt. Im jeweils dritten Kompetenzfeld wird das Kind auf das Leben „als künftiger Bürger der einen Welt"[54] vorbereitet.

Das hauptsächliche Ziel des Fächerverbundes ist es, die forschende Auseinandersetzung der Schülerinnen und Schüler mit ihrer Lebenswirklichkeit zu unterstützen. Deswegen wird der Unterricht auch zunehmend anwendungs- und problemorientiert, explorativ, aktiv entdeckend und kreativ, themen- und projektorientiert gestaltet. Das erworbene Wissen während der Grundschulzeit soll

[53] Ebd.: S. 96
[54] Ebd.: S. 98

die Schülerinnen und Schüler dazu befähigen, ihr Wissen auch in außerschulischen Situationen zu nutzen.[55]

## 6.2 Gesundheitsförderliche Ernährungsbildung im Mensch – Natur – Kultur Unterricht

Das Thema Ernährungsbildung kann nach dem Bildungsplan in der dritten oder vierten Klasse behandelt werden.

In den Leitgedanken zum Kompetenzerwerb wurden nur die Themen Kunst, Musik, Gestaltung, unterschiedliche Materialien, Textilien, Philosophie, Heimat, Kultur und Technik behandelt. Zu den Punkten Ernährung, Ernährungsbildung, Ernährungserziehung, Körper oder Gesundheit fanden sich keine Informationen. Nicht einmal eine thematische Annäherung fand sich, bei der man hätte sagen können, diese Aussage oder diese Zeile würde zum Thema gesundheitsförderliche Ernährungsbildung passen. Meines Erachtens kommt die Ernährungsbildung im Bildungsplan 2004 viel zu kurz. Lediglich in den Kompetenzen und unter Inhalte sind zwei Punkte zu finden, auf der Seite 104 und 107. Und zwar : „Die Schülerinnen und Schüler können wichtige Funktionen des Körpers und den Zusammenhang zwischen Körper, Ernährung und Bewegung erkennen“[56] und „Wasser als Lebensgrundlage, Versorgung mit Wasser.“[57] Diese Kompetenzen sollen am Ende der vierten Klasse erreicht werden. Dabei ist es wichtig, so früh wie möglich mit der Ernährungsbildung zu beginnen. Grundlage der Ernährungsbildung sollte das Europäische Kerncurriculum sein, das schon im Kapitel 5.1 vorgestellt wurde, und nicht der Bildungsplan 2004. Außerdem sollte eine erfolgreiche Ernährungsbildung langfristig und intensiv durchgeführt werden, damit Schülerinnen und Schüler wirksam gefördert und unterstützt werden können. Eine einmalige Aktion reicht nicht aus. Es kann nicht angehen, dass das Thema „Gesundheitsförderliche Ernährungsbildung“ in einem Schuljahr nur zwei oder vier Stunden lang behandelt wird und damit abgehakt ist. Die Schule muss einen Beitrag zur Ernährungsbildung leisten. Dieser Beitrag kann nicht darin bestehen, nur einen kurzen Einblick in das Thema „Gesundheitsförderliche Ernährungsbildung“ zu geben. Theorie allein reicht bei diesem wichtigen Thema nicht aus, sie könnte nur zur Unterstützung dienen. Bei dem Thema ist das Grundprinzip

[55] Vgl.: Ebd. S. 98
[56] Ebd.: S. 104
[57] Ebd.: S. 107

handelndes Lernen. Dieses beinhaltet das Starten von kleineren Projekten. Durch ihre Teilnahme an solchen Projekten können die Schülerinnen und Schüler praxisnahe Erfahrungen sammeln, die sie später in der Alltagswelt umsetzen können.

Es gibt verschiedene Umsetzungsbeispiele für die „Gesundheitsförderliche Ernährungsbildung“. Nachfolgend sollen mögliche Umsetzungsbeispiele in der Schule vorgestellt werden.

## 7. Umsetzung in der Schule

Wie auch schon im Kapitel 5.2 erwähnt, sollte die Schule ein zentrales Setting für die Ernährungsbildung sein, weil sie ein ideal geeignetes Setting dafür darstellt. Über die Schule lassen sich die Schülerinnen und Schüler in ihrem natürlichen Umfeld durch einen kontinuierlichen Kontakt erreichen. Weiterhin ist in der Schule ausgebildetes Personal vorhanden.[58]

Die Ernährungsbildung sollte nicht nur im Fach Mensch – Natur – Kultur thematisiert werden. Es sollte ein zentrales Setting der Schule sein, um nachhaltige Effekte zu zielen.

Speziell im Mensch – Natur – Kultur Unterricht können Projekte wie Produktion, Einkauf, Zubereitung und Verzehr durchgeführt werden. Es können Rezepte kreiert, Einkäufe durchgeführt, ein Bauernhof erkundet werden. Das Thema Ernährungsbildung lässt sich auch fächerübergreifend bearbeiten. Wenn es um die Kreation eines Rezeptes geht, wird immer auch mit Zahlen und Einheiten gearbeitet. So können im Mathematikunterricht diese Einheiten eingeführt und geübt werden. Auch im Fach Deutsch können Beschreibungen und Rezepte bearbeitet werden. Weiterhin kann das Fach Deutsch auf die Verbraucherbildung eingehen und verschiedene Werbeanzeigen mit den Schülerinnen und Schüler analysieren. Durch dieses Vorgehen können verschiedene Bereiche im Bildungsplan abdeckt werden.[59]

Grundsätzlich sollte das Trinken während des Unterrichts erlaubt sein.

[58] Vgl.: Winkler, Gertrud: 10 Regeln für Programme zur Ernährungserziehung in der Schule. In: Heseker, Helmut (Hrsg.): Neue Aspekte der Ernährungsbildung. 2005. S. 186

[59] Vgl.: Verbraucher – Zentralen der Bundesländer: „Von Milchriegeln, Obstzwergen und Lachbonbons…“. Ernährung für Kinder im Spiegel der Werbung. Lehrermaterial für die Primarstufe. 2001. S. 41

„Wasser ist für alle Lebensvorgänge notwendig:

- Lösung der Nährstoffe aus der Nahrung
- Quellung des Speisebreis im Darm
- Transport der Nährstoffe über das Blut
- Ausscheidung von „Abfallprodukten" des Stoffwechsels in wässrigen Lösungen über die Nieren (und Darm)"[60]

Außerdem können durch den Flüssigkeitsmangel die Konzentrations- und Leistungsfähigkeit der Schülerinnen und Schüler sinken.[61]

Des Weiteren kann mit der Hilfe von Eltern ein Kinder – Lehrer – Eltern Frühstück vorbereitet werden. Die Bedeutung der Elternarbeit wurde schon im Kapitel 5.2 geklärt.

Das Kinder – Lehrer – Frühstück mit den Eltern zusammen kann nur ein bis maximal zweimal im Jahr verwirklicht werden, weil dies aus zeitlichen und organisatorischen Gründen nicht noch häufiger geplant werden kann. Dieses Vorhaben schließt natürlich nicht aus, dass man des Öfteren, eventuell einmal in der Woche oder gar jeden Tag, mit den Kindern zusammen frühstückt. Dies kann unter dem Motto „Das tägliche gemeinsame Schulfrühstück" ablaufen. Das soll im Nachfolgenden näher erläutert werden.

## 7.1 Das tägliche gemeinsame Schulfrühstück

Das tägliche gemeinsame Frühstück, bei dem auch die Lehrerinnen und Lehrer mit frühstücken, würde für die Ernährungsbildung einen wichtigen Beitrag liefern. Ulrike Philipps zitiert nach Fröleke&Günster, 1995, S. 296 folgendes zum gemeinsamen Schulfrühstück: „Gemeinsame Mahlzeiten sowohl in Familien als auch in den Bildungseinrichtungen haben eine erwünschte Wirkung auf das Ernährungsverhalten, sofern sie regelmäßig durchgeführt werden. Von besonderer

[60] Vorpahl, Dr. Bernd – W; Nieding von, Elke; Tschimmel, Elisabeth; Veihelmann, Christiane: Ernährung und Gesundheit. Materialien 5. – 10. Klassen. 1996. S. 15

[61] Vgl.: IDM-Informationszentrale Deutsches Mineralwasser: Die Initiative "Trinken im Unterricht". Ohne Datum

Bedeutung ist dabei, dass „die Lehrerin bzw. der Lehrer selbst vorleben, was sie/er den ihr/ihm anvertrauten Schülerinnen und Schülern nahe zu bringen versucht".[62]

Die gemeinsame Einnahme des Schulfrühstücks sollte dazu dienen, dass die Einflussnahme und die Verantwortung der Schule steigen. Damit dieses gemeinsame Schulfrühstück erfolgreich gelingt, müssen bestimmte Regeln eingeführt werden. Dabei spielt die dafür benötigte Zeit eine Rolle. In der Grundschule werden die meisten Fächer von der Klassenlehrerin bzw. dem Klassenlehrer unterrichtet. Die Stunde vor der großen Pause könnte immer 10 Minuten früher beendet werden, damit die Schülerinnen und Schüler in Ruhe frühstücken können. Die Kinder können sich dann in der großen Pause voll und ganz der Bewegung widmen. Weiterhin sollte die Sitzordnung geklärt werden. Außerdem ist es auch wichtig, dass die Schülerinnen und Schüler mit der Einnahme des Frühstücks zusammen anfangen und es schließlich auch zusammen beenden. Diverse Rituale wie Lieder, Sprüche, Verse, Musik etc. können dabei als Hilfe dienen. Zusätzlich können auch Hygieneregeln eingeführt werden, wie z. B. vor dem Essen die Hände zu waschen oder nach dem Essen den Platz reinigen, falls er verschmutzt wurde. Darüber hinaus können den Schülerinnen und Schülern durch das gemeinsame Schulfrühstück bestimmte Normen und Werte vermittelt werden, die im sozialen Leben ganz allgemein eine Rolle spielen. Diese können u. a. sein: Esskultur, Gestaltung des Tisches, Kommunikationsform am Tisch, bestimmte Verhaltensregeln beim Essen, Verantwortung für den Platz, damit er sauber verlassen wird etc.[63] Neben dem gemeinsamen Schulfrühstück bieten sich parallel verschiedene Möglichkeiten an, das Thema gesundheitsförderliche Ernährungsbildung zu behandeln. Diese Möglichkeiten wurden bereits unter Punkt 7 vorgestellt.

Das Pausenbrot sollte von zu Hause mitgebracht werden. Die Mitarbeit der Eltern spielt hier eine wichtige Rolle. Wie auch schon im Kapitel 5.2 erwähnt, ist es notwendig, die Eltern über das Vorhaben gut zu informieren. Mit welchen Maßnahmen man die Eltern erreichen kann, darauf wurde auch schon im Kapitel 5. 2 hingewiesen.

---

[62] Philipps, Ulrike: Evaluation gesundheitsfördernder Maßnahmen bezüglich des Ernährungsverhaltens von Grundschulkindern. 2004. S. 60

[63] Vgl.: Ebd. S. 61

Die Eltern legen auf die Schulleistung ihres Kindes sehr großen Wert. Gute Leistungen lassen sich nicht mit einem leeren Magen erzielen, ein gesundes Frühstück am Vormittag fördert die Konzentration. Aus verschiedenen Gründen (z. B. Beruf oder Zeitdruck) können viele Eltern mit ihren Kindern nicht zusammen frühstücken, sodass sie nicht mal ein Pausenbrot vorbereiten können. Die Folge ist oft, dass sie ihrem Kind Geld mitgeben. Mit diesem Geld sollten die Kinder eigentlich auf dem Schulweg etwas beim Bäcker oder in der Schule am Schulkiosk kaufen. Meistens fließt das Geld in den Kauf von Süßigkeiten. Mit dem gemeinsamen Schulfrühstück könnte dieses Problem gelöst werden. Die Eltern sollten über die Aktion informiert werden, weiterhin sollten sie auch darüber informiert werden, woraus das Pausenbrot und das Getränk bestehen sollten. Ein gesundes Frühstück kann nicht aus Coca – Cola und einem Stück süßen Gebäcks vom vorherigen Tag bestehen.

Hier kommt den Lehrern/innen eine wichtige Aufgabe zu. Es könnte sein, dass es viele Eltern gibt, die den Sinn des Vorhabens nicht gleich verstehen. Die Lehrerin bzw. der Lehrer muss die Erziehungsberechtigten aufklären, mit ihnen zusammen arbeiten und vor allem viel Geduld aufbringen. Von heute auf morgen kann sich nicht alles zum Positiven ändern. Schließlich erfordert Ernährungsbildung Zeit und Zuwendung. [64]

[64] Ministerium Ländlicher Raum Baden – Württemberg: Ernährungserziehung bei Kindern. 1998. S. 13

## 8. Resümee

Die Ernährungsbildung von Kindern ist eines der Topthemen in der heutigen Zeit. Ernährungsbedingte Krankheiten kommen immer öfter vor und die Häufigkeit steigt immer mehr. Bisher wurden verschiedene Studien durchgeführt, über längere und kürzere Zeit, von Forschungsinstituten wurden Ernährungsempfehlungen für Kinder erstellt und der Öffentlichkeit zugänglich gemacht, und Ernährungsexperten haben ein Europäisches Kerncurriculum angefertigt. Dies zeigt die Mühe, die man auf sich nimmt, um der mangelnden Ernährungsbildung und ihren Folgen entgegen zu wirken. Trotzdem steigt die Tendenz zu ernährungsbedingten Krankheiten immer weiter an.

Obwohl die Situation niederschmetternd ist, hat sich herausgestellt, dass das Thema Ernährungsbildung im Bildungsplan nicht sehr häufig in Erscheinung tritt. Ernährungsbildung ist kein eigenständiges Fach. Das Thema Ernährung ist in der Grundschule in den Fächerverbund Mensch – Natur – Kultur Unterricht integriert. In der Haupt- und Realschule beginnt es erst ab der 7. Klasse als das Fach: Haushalt und Textil. Dabei ist es besonders wichtig, dass so früh wie möglich mit Ernährungsbildung begonnen wird. An den Gymnasien wird Ernährungsbildung überhaupt nicht berücksichtigt. Dabei wäre es außerordentlich wichtig, Ernährungsbildung als eigenständiges Fach in die Schule einzuführen.

Um dieser Mangel-Situation entgegen zu wirken, müssen sich Institutionen wie Kindertagesstätten und Schulen als zentrales Setting einsetzen. Obwohl die Ernährungsbildung zu Hause beginnen sollte, ist für viele Kinder die Institution Kindergarten und Schule der einzige Ort, wo sie über die Ernährungsbildung aufgeklärt werden können, wenn es zu Hause scheitert. Durch einmalige Aktionen kann nicht viel verändertes Bewusstsein erreicht werden. Es müssen nachhaltige Projekte gestartet werden. Dies kann nur durch das Engagement der Erzieherinnen bzw. Erzieher und Lehrerinnen und Lehrer gelingen. Je früher damit begonnen wird, desto erfolgreicher können die Ergebnisse sein, die erzielt werden können. Engagement allein reicht aus, es gehören viel Mühe, Zuwendung, Geduld, Zeit und Elternarbeit dazu.

Die Kinder sollten durch die effektive Ernährungsbildung die Fähigkeit zur Selbstständigkeit und Mitverantwortung im Bereich Ernährung erlangen. So dass sie auch außerhalb der Schule das erworbene Wissen - so weit wie möglich - richtig umsetzen und anwenden können.

## 9. Literaturverzeichnis

**Heindl, Ines:** Studienbuch Ernährungsbildung. Ein europäisches Konzept zur schulischen Gesundheitsförderung. Bad Heilbrunn: Klinkhardt. 2003

**Heseker, Helmut (Hrsg.):** Neue Aspekte der Ernährungsbildung. Frankfurt am Main: Umschau Zeitschriftenverlag. 2005

**Holtmeier, H.-J.:** Gesunde Ernährung von Kindern und Jugendlichen. Unter Berücksichtigung des Cholesterinstoffwechsels. Berlin: Springer – Verlag. 1995

**Ministerium für Kultus, Jugend und Sport Baden – Württemberg:** Bildungsplan für die Grundschule. Villingen – Schwenningen: Neckar – Verlag. 2004

**Ministerium Ländlicher Raum Baden – Württemberg:** Ernährungserziehung bei Kindern. Renningen: Pfitzer Druck GmbH. 1998

**Philipps, Ulrike:** Evaluation gesundheitsfördernder Maßnahmen bezüglich des Ernährungsverhaltens von Grundschulkindern. Bad Heilbrunn: Klinkhardt. 2004

**Renzenbrink, Udo:** Ernährung unserer Kinder. Gesundes Wachstum Konzentration Soziales Verhalten Willensbildung. Stuttgart: Freies Geistesleben & Urachhaus GmbH. 1998

**Verbraucher – Zentralen der Bundesländer:** „Von Milchriegeln, Obstzwergen und Lachbonbons…". Ernährung für Kinder im Spiegel der Werbung. Lehrermaterial für die Primarstufe. Düsseldorf: Krautstein Druck GmbH. 2001

**Vorpahl, Dr. Bend – W/ Nieding von, Elke/ Tschimmel, Elisabeth/ Veihlmann, Christiane:** Ernährung und Gesundheit. Materialien 5. – 10. Klassen. Köln: Klett Verlag. 1996

## 10. Internetverzeichnis

**Becker, Doris:** Vollwertige Ernährung nach den 10 Regeln der Deutschen Gesellschaft für Ernährung. http://www.familienhandbuch.de/cmain/f_Aktuelles/a_Ernaehrung/s_963.html. 2005. (12.02.07)

**Bundeszentrale für gesundheitliche Aufklärung:** Grundlagen der Rahmenbedingungen. http://www.bzga-kinderuebergewicht.de/grundlagen/index.htm. Ohne Datum. (08.03.07)

**Das Europäische Kerncurriculum zur Ernährungs- und Verbraucherbildung.** http://www.lernportal-sachsen-geniessen.de/pages/kurriculum.html. Ohne Datum. (24.02.07)

**Deutsche Adipositas – Gesellschaft:** Was ist Adipositas? http://www.adipositas-gesellschaft.de/index.php. Ohne Datum. (12.01.07)

**Deutsche Gesellschaft für Ernährung:** Die DGE. Wir über uns. http://www.dge.de/modules.php?name=Content&pa=showpage&pid=7. 2004. (09.02.07)

**Deutsches Kinderhilfswerk:** Kinder und Jugendliche in Deutschland 2006 Zahlen, Daten, Fakten. http://www.dkhw.de/aktiv/themen/zahlen_daten_fakten.pdf. 2006. (19.02.07)

**Donig, Gudrun:** Ernährung im Kindesalter. http://www.familienhandbuch.de/cmain/f_Aktuelles/a_Ernaehrung/s_183.html. 2004. (13.02.07)

**Egmont Ehapa Verlag GmbH:** Die KidsVerbraucherAnalyse 2006. http://www.ehapamedia.de/pdf_download/KVA06_Praesentation.pdf. 2006. (16.01.07)

**FIT KID:** Das tägliche Brot. http://www.fitkid aktion.de/front_content.php?client=2&lang=3&idcat=141. Ohne Datum. (14.02.07)

**FIT KID:** Wie viele Mahlzeiten braucht ein Kind.http://www.fitkid-aktion.de/front_content.php?client=2&lang=3&idcat=145. Ohne Datum. (14.02.07)

**Forschungsinstitut für Kinderernährung Dortmund.** http://kunden.interface-medien.de/fke/. Ohne Datum. (15.02.07)

**Forschungsinstitut für Kinderernährung Dortmund:** Empfehlungen für Mahlzeiten. http://kunden.interface-medien.de/fke/content.php?seite=seiten/inhalt.php&details=68. Ohne Datum. (17.02.07)

**Forschungsinstitut für Kinderernährung Dortmund:** Optimierte Mischkost. http://kunden.interface-medien.de/fke/content.php?seite=seiten/inhalt.php&details=526. Ohne Datum. (17.02.07)

**Forschungsinstitut für Kinderernährung Dortmund:** Ziele. http://kunden.interface-medien.de/fke/content.php?seite=seiten/inhalt.php&details=50. Ohne Datum. (16.01.07)

**IDM-Informationszentrale Deutsches Mineralwasser:** Die Initiative "Trinken im Unterricht". http://www.trinken-im-unterricht.de/. Ohne Datum. (03.03.07)

**Menthfessel, Barbara:** Fachwissenschaftliche Konzeption: Soziokulturelle Grundlagen der Ernährungsbildung. http://www.ernaehrung-und-verbraucherbildung.de/docs/07_2005-Soziokulturelle_Grundlagen.pdf. 2005. (12.12.06)

**Müller J., Manfred:** Gesunde Ernährung für Kinder und Jugendliche. http://www.familienhandbuch.de/cmain/f_Aktuelles/a_Ernaehrung/s_899.html. 2007. (14.02.07)

**Oberritter, Helmut:** Geschichte der „10 Regeln der DGE". http://www.dge.de/modules.php?name=News&file=article&sid=254. 2000. (12.02.07)

**Robert Koch Institut:** Aufgaben und Gesetzliche Grundlagen des Robert Koch – Instituts. http://www.rki.de/cln_049/nn_206802/DE/Content/Institut/institut__node.html?__nnn=true. 2005. (12.01.07)

**Robert Koch Institut:** Erste Ergebnisse der KiGGS – Studie. Zur Ernährung von Kindern und Jugendlichen in Deutschland. KiGGS. http://www.kiggs.de/experten/downloads/dokumente/kiggs_elternbroschuere.pdf. 2006. (12.01.07)

**Robert Koch Institut:** Ziele der KiGGS – Studie. http://www.kiggs.de/studie/ziele/index.html. 2006. (12.01.07)

**Sozialministerium Baden – Württemberg:** Kindergesundheit in Baden – Württemberg. http://www.landesgesundheitsamt.de/servlet/PB/show/1142113/kindergesundheit2000.pdf. 2000. (16.02.07)

**Zeilberger, Karlheinz:** Fettleibigkeit – Ursachen. http://www.netdoktor.de/krankheiten/fettleibigkeit-ursachen.htm. 2006. (13.01.07)

## 11. Abbildungsverzeichnis